卫星数据高效传输技术

丁丹　杨柳　宋鑫　著

U0287299

科学出版社

北京

简　介

随着在轨卫星数量激增以及卫星载荷技术的发展,卫星数据量大幅增长,此外,越来越多的突发局部战争、应急抢险救灾等应用场合对卫星数据时效性要求更加苛刻,因此,现代卫星应用对数据传输效率的要求越来越高,使得卫星数据传输成为卫星测控通信领域热点、难点技术之一。本书在梳理卫星数据传输发展现状、卫星数据高效传输机制与应用模式、卫星数据传输信道等关键问题的基础上,从自适应传输策略、无速率信道编码两个角度着手,分别深入研究基于自适应的卫星数据高效传输技术、基于无速率码的卫星数据传输技术。

本书可作为信息与通信工程、电子科学与技术等专业高年级本科生及相关专业研究生的教学用书或参考书,也可供无线通信、航天测控等领域的研究人员、工程技术人员参考。

图书在版编目(CIP)数据

卫星数据高效传输技术 / 丁丹,杨柳,宋鑫著. —
北京:科学出版社,2020.3
ISBN 978-7-03-063316-3

Ⅰ.①卫… Ⅱ.①丁… ②杨… ③宋… Ⅲ.①卫星通
信—数据传输—研究 Ⅳ.①TN927

中国版本图书馆 CIP 数据核字(2019)第 252507 号

责任编辑:徐杨峰 / 责任校对:谭宏宇
责任印制:黄晓鸣 / 封面设计:殷　靓

科学出版社 出版
北京东黄城根北街 16 号
邮政编码:100717
http://www.sciencep.com
南京展望文化发展有限公司排版
广东虎彩云印刷有限公司印刷
科学出版社发行　各地新华书店经销

*

2020 年 3 月第 一 版　开本:B5(720×1000)
2023 年 3 月第三次印刷　印张:13
字数:210 000
定价:108.00 元
(如有印装质量问题,我社负责调换)

前言 | Foreword

随着在轨卫星数量日益增多和有效载荷信息分辨力的不断提升,卫星数据呈现出海量趋势,加之突发自然灾害、应急军事行动等对卫星信息响应的时效性要求不断提高,对卫星数据传输效率的要求越来越高。提升数据传输速率的传统思路是提高链路功率,但卫星平台承载能力有限,地面数据传输设备也在朝着机动化、小型化方向发展,致使数据传输平台规模受限,从而导致链路功率不能无限制提高。因此,探索能够在系统平台、链路功率受限条件下提高链路功率效率的新体制、新技术,是卫星测控通信领域亟须突破的重要问题之一。

根据现行的卫星数据传输工程技术方案,卫星数据传输速率是根据最恶劣信道条件(最低仰角,即最远传输距离)进行链路预算而设定,因此整个过境窗口内数据传输速率恒定。虽然在高仰角(传输距离近)条件下,链路损耗降低,相应的链路余量增大,但这些余量在以往的系统设计中并未得到充分利用,致使宝贵的链路功率资源浪费比较严重。因此,亟须一本专门研究卫星数据高效传输技术的著作,为解决上述问题提供理论指导和技术指引。

本书针对现行卫星数据传输工程技术方案中的这个突出问题,从自适应传输策略和无速率信道编码两个角度着手,论述提高卫星数据传输效率的新方法。基于自适应的卫星数据高效传输,是将移动通信中常用的自适应调制编码(adaptive modulation and coding, AMC)技术运用于卫星数据传输,随着卫星仰角的增加,自适应地切换调制阶数和编码速率的档位,从而显著提升卫星过境窗口下传的数据量。在此基础上,进一步研究基于无速率码的无级变速传输技术,使数据速率的改变连续、无缝地跟踪信道条件的变化,避免 AMC 的台阶式速率变化,最大限度地提高信道利用率。此外,该技术还可避免 AMC 带来的星地之间频繁的握手交互,是一项具有很大应用潜力的技术。

全书共三篇,分为 10 章。第一篇梳理卫星数据传输关键问题,包括第 1~3 章:第 1 章分析卫星数据传输能力、技术、终端的发展现状;第 2 章设计具有新型传输机制和应用模式的卫星数据传输系统;第 3 章分析卫星数据传输信道,为后续内容奠定必要基础。第二篇研究基于自适应的卫星数据传输技术,包括第 4~6 章:第 4 章分析卫星数据变速率传输策略;第 5 章研究自适应变速率传输技术;第 6 章研究基于空间复用的卫星数据高效传输技术。第三篇围绕基于无速率码的卫星数据高效传输技术展开论述,包括第 7~10 章:第 7 章论述采用无速率码进行卫星数据传输的技术背景,分析了基于无速率码的卫星数据传输相对于传统恒定速率传输和自适应速率传输的优势;第 8 章研究适用于卫星数据传输场景的无速率码编码算法;第 9 章对基于无速率码的卫星数据传输进行系统设计;第 10 章进行了基于无速率码的卫星数据自适应传输系统的仿真与分析。

本书的写作得益于作者所在团队成员的鼎力相助,研究生刘步花撰写了第 3 章,程乃平研究员审阅全书并提出了宝贵建议。本书得到了装备预研、863 计划等多项课题资助。近年来,作者在国内外重要学术期刊上发表论文 20 余篇,提交国家、国防发明专利 10 余项,本书是在上述研究成果基础上完成的。此外,本书在写作过程中参考了有关书籍和文献(见参考文献列表),在此也向这些作者一并致谢。

本书脉络清晰、深入浅出,且具有一定的创新性,可作为信息与通信工程、电子科学与技术等专业高年级本科生及相关专业研究生的教学用书或参考书,也可供无线通信、航天测控等领域的研究人员、工程技术人员参考。

由于作者水平所限,加上时间仓促,书中难免存在不妥之处,恳请广大读者批评指正。

丁 丹

2019 年 10 月

目录 | Contents

前言

第一篇 卫星数据传输关键问题

第1章　卫星数据传输发展现状

1.1　卫星数据传输能力发展现状

1.1.1　国外现状

随着现代卫星载荷技术的快速发展,卫星采集的数据量巨幅增长,卫星数据传输需达到更高的要求。以遥感卫星为例,目前遥感卫星数据传输技术发展主要集中在数据压缩技术、数据存储技术、拓宽传输频段、高阶编码调制方式以及高增益天线等方面。在遥感数据传输方面,美国、日本、澳大利亚和欧洲部分发达国家走在世界前列,NASA 和 ESA 构建了世界范围内的卫星跟踪地面接收站网络,数据传输速率超过 600 Mbps。美国地球之眼公司研制的 GeoEye-1 遥感卫星,其全色分辨率达 0.5 m,卫星获取的图像数据能够保存在星上 1 200 Gbit 固态存储器中,依靠全球接收站网络,可迅速将数据回传地面站,其数传输速度最高可达 740 Mbps。美国数字地球公司研制的下一代 WorldView-1 遥感卫星,其全色分辨率可达 0.45 m,数据传输速率可达 800 Mbps。NASA 现在研制的下一代数据中继卫星项目 TKUP,其数据业务采用 16 阶调制技术和高效前向纠错编码技术,可支持 800 Mbps 的数据传输速率。法国的 Pleiades 遥感卫星,其图像分辨率高达 0.7 m,数据下传速率最高能达到 620 Mbps[1]。目前大部分遥感卫星工作在 X 频段,国际上在 X 频段传输速率最大的是 WorldView 系列卫星,它采用极化复用传输技术,速率可达 800 Mbps。ITU 规定除了 X 频段可用于对地观测遥感卫星数据传输外,Ka 频段同样可用,这是因为 X 频段带宽仅有 375 MHz,而 Ka 频段带宽是 X 频段的 4 倍,带宽资源更丰富。NASA 在这方面走在世界前列,但是随着频段的提高,空间传输损耗随之提升,与之对应的数据传输系统设计难度增大,因此对 Ka 频段的数据传输技术性能的实验测试[2-4]已经开展,部分卫星已采用 Ka 频段实现载荷数据传输。遥感影像数据的存储和压缩无疑是提高传输效率的重要手段,遥感图像相比普通图像而言分辨率更高、纹理更多、内容更复杂、细节信息更多。以美国的军用对地观测卫星 KH‑11 为例,图像分辨率高达 0.1 m,拍照频率达 8~12 次/min,但数传速率上限只有 600 Mbps,若不采用压缩技术难以实现影像数据的高效传输。近年来针对高分辨率的遥感影像压缩理论取得突破性进展[5-8]。表 1‑1 列出了国外部分遥感卫星的影像压缩和存储能力。

表 1‑1　国外部分遥感卫星概况

国家、地区	卫　星	分辨率/m	压　缩　比	存储能力/Gbit	数传速率/Mbps
欧　洲	EnviSat	28	8:4,8:3,8:2	60	100
加拿大	雷达 3 号卫星	3	8:4,8:2,8:2,8:1	150	105
意大利	第二代地中海观测卫星	<1	10:10,10:6~10:1	1 530	560
印　度	雷达 1 号成像卫星	1	6:3	300	300
日　本	先进陆地观测 2 号卫星	1	—	130	400
欧　洲	哨兵系列	5	8:1	1 410	520
西班牙	帕斯	1	8:8,8:6,8:4,8:3,	320	300

1.1.2　国内现状

国内研究者在卫星数据传输方面也做了大量的研究工作,主要围绕高频段的遥感数据传输、遥感影像压缩技术以及相关数据传输分类等展开研究。文献[9]针对不同类型的遥感数据传输需求进行分类,采用虚拟信道动态调整策略进行数据的传输,满足不同类型数据传输的需求。文献[10]设计了遥感数据传输帧格式和码速率,有效降低 90%以上缓存需求;在终端小型化方面,文献[11]围绕遥感卫星数据传输中接收设备小型化展开研究,设计搭建硬件平台,实验验证设定协议和算法的功能性,系统最高可达到 450 Mbps 数据速率。航天恒星科技有限公司最新发布了 ANOVO2.0,产品采用自适应编码调制技术实现便携式终端的卫星通信,前向链路实现 300 Mbps,反向链路实现了 6~8 Mbps,支持 28 个调制编码级,解调门限调整范围达到 18 dB。针对传统遥感卫星数据传输过程中链路资源没有得到充分利用的问题,2010 年,中国空间技术研究院张佳鹏、黄普明等率先提出将自适应编码调制技术应用于遥感卫星数据传输,其主要是借鉴第二代卫星数字广播电视标准(DVB‑S2)。根据遥感卫星数据传输特点,他们对 DVB‑S2 的方案做了部分调整,所设计的自适应编码调制传输方案显著提升了系统数据传输容量。为满足国内 ZY-3、GF 系列卫星的数据传输需求,中国科学院组织多家单位协同合作,开展了频率复用、高效调制编码数据接收等关键技术的研究及试验,完成了频率复用、高效调制编码遥感卫星数据接收系统的设计、研制加工、系统集成及工程建设等工作,成功接收了 ZY-3 卫星数据。该系统主要性能接近国际先进水平,在国内首创了频率复用的高码速极轨卫星地面接收系统。在高码率调制解调器方面,国内研制生产的全数字通用型高码速调制解调器(QPSK 达到 10 Mbps~640 Mbps,8PSK 达到 960 Mbps)支持 BPSK、UQPSK、QPSK、S/O-QPSK、8PSK 等多种调制/解调方式,以及 VITERBI、R-S 和 TCM 编译码功能,解调损耗小于 1.0 dB,具有多种数据输出能力。在此基础上,国内设计的数据接收系统成功完成遥感卫星(ZY-3 号卫星,数据速率 450 Mbps×2)的数据接收任务[12]。中国电子科技集团公司研制了遥感综合应用终端原理样机,并在高分机动接收机处理系统技术试验中进行了系统互联互通验证。2013 年,重庆大学飞行器测控重点实验室的朱丽亚等[13]发表了文章,提出遥感卫星的自适应传输策略,但不同的是他们采用的模型是基于 RCS(卫星回传信道)的卫星系统模型,通过中继网关实现信噪比(SNR)的测量和反馈,如图 1-1 所示。无论是遥感数据传输的新技术手段,还是围绕终端小型化的设计,以及自适应策略在遥感数据传输中的应用,都对卫星数据传输技术的体制设计、软件无线电平台的搭建及工程的实现方面有非常重要的借鉴意义。

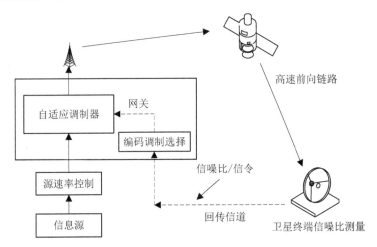

图 1-1 基于 RCS 的卫星数据传输 AMC 应用模型

尽管目前遥感卫星的数传技术不断发展,数传速率已经达到了几百 Mbps 甚至 Gbps 级,但都是在大型地面站采用大口径接收天线的前提下完成的,且链路功率资源的利用率仍然偏低。对基于小卫星平台、面向小型用户终端的卫星数据传输技术尚缺乏系统的研究。如何在功率、频谱信道资源有限的情况下尽可能提高传输速率是本书的研究意义所在。

1.2　卫星数据传输技术发展现状

1.2.1　差错控制技术

卫星数据在信道传输的过程中,不可避免地会受到噪声、干扰的影响,一些信息比特可能会出现严重的错误以致无法恢复。数据传输系统中最常用、最简单的处理差错的办法就是重传技术,即接收端向发送端发送反馈信息,要求重新传输出错的数据,这种方式又被称为自动重传请求(automatic repeat request,ARQ)技术[14]。当然,接收端在要求重传之前还必须能够判断哪些数据是错误的,这就需要借助差错检测技术,其中最常用的检测技术是循环冗余校验(cyclic redundancy check,CRC)技术。CRC 技术通过特定的算法产生若干位校验码并添加至信息比特之后,接收端采用同样的算法进行检验,若结果一致,则表示信息比特完全正确;若结果不同,则表示信息比特出错,需要重传。

ARQ 技术和 CRC 技术确保接收端能够成功获取所有数据,但是,这种方式只能对数据进行检错重传,而不能对出错比特进行纠正。若数据包中仅有个别信息比特存在错误,发送端也需要再次重传整个数据包,会造成信道资源的浪费。因此,还需采用前向纠错(forward error correction,FEC)编码技术,即信道编码技术,实现纠正错误信息比特的目的。常用的 FEC 编码有卷积码、Turbo 码、LDPC 码等。另外,将两种编码级联可以组成纠错能力更强的级联码,例如将 RS 码和卷积码组成的级联码[15]、LDPC 码和 BCH 码组成的级联码[16]等。

事实上,ARQ 技术与 FEC 技术结合之后可以获得更好的传输性能,即先利用纠错编码纠正数据中的错误,之后根据反馈信息 ACK(acknowledgement)或者 NACK(non-acknowledgement)判断是否需要重传,这种方式又被称为混合式自动重送请求(hybrid automatic repeat request,HARQ)技术[17],也是当前卫星数据传输中普遍采用的一种差错控制技术。此外,凭借其高效的传输性能,HARQ 技术已经广泛应用于其他众多研究领域,例如多跳中继网络[18]、高速铁路通信网[19]、流星余迹通信[20]等。

1.2.2　链路自适应技术

差错控制技术通过纠错、检错、重传解决数据出错的问题,确保传输的可靠性,但却没能解决有效性的问题。发送端往往采用固定的传输参数以满足最差信道条件下的数据传输要求,但是卫星信道动态变化范围较大,当信道状态变好时会有较多的链路余量无法使用,造成链路资源的浪费。因此,有学者提出采用链路自适应技术来提高数据传输的有效性,即根据当前信道信息,自适应地调整系统的传输参数以使当前的数据传输效率最大化。链路自适应技术主要有自适应功率控制技术和 AMC 技术。

自适应功率控制技术指的是发送端根据当前的信道状态信息主动调整发射功率,以提高系统的功率效率,使资源分配更加合理。文献[21]将功率控制技术应用于海事卫星通信系统中,达到了抑制干扰、补偿雨衰的效果,提升了系统容量和传输性能。文献[22]针对卫星通信中频谱资源利用率较低的问题,提出了一种支持时延约束的功率控制算法,并给出了该算法能够得到的最大信道容量及不同场景下的最佳调整策略,优化了功率控制过程。文献[23]以分布式卫星系统为背景,提出了一种上下行功率联合控制方法,该方法解决了链路动态变化及预测误差累积的问题,具有较高的准确性和较好的时效性。功率控制的前提是需要确知信道状态信息,但是卫星信道具有多变性和较长的时延,使得发送端获得的信道信息是不准确的。针对这个问题,文献[24]对功率控制技术的抗干扰性进行了研究,提出了一种低复杂度、强鲁棒性的功率控制算法,该算法不仅能够保证用户的通信质量,而且能够提高卫星的能量转化效率。

AMC 技术是对编码码率、调制方式进行调整,来提高系统的频谱效率及链路余量利用率。文献[25]将多元 LDPC 码与 AMC 技术结合,并设计了增量冗余型速率兼容方案,与二元 AMC 技术相比,该方案以较低的复杂度在衰落信道下获得了更高的编码增益。文献[26]通过推导含参误差函数的闭环表达式,得到了影响 AMC 技术性能的信道参数,分析了这些参数对切换门限值的影响。文献[27]针对卫星通信背景下信噪比估计不准的问题,提出了一种适用于 AMC 技术的信噪比预测算法,有效降低了传输时延对切换方案带来的影响。文献[28]分别将 AMC 技术应用于导航卫星的星间通信、星地链路资源分配、遥感卫星数据传输中,实现了较好的自适应匹配信道切换效果,提高了链路余量利用率[28-30]。

1.3　卫星数据传输终端发展现状

1.3.1　蓝军跟踪系统便携终端

蓝军跟踪系统(blue force tracking,BFT)是美军用来掌握参战部队位置与行踪、实现敌我识别的一种信息系统,也是美军 21 世纪部队旅和旅以下战斗指挥系统(FBCB2)的核心功能之一,主要用于向旅和旅以下作战人员、主战武器平台提供近实时指挥控制和态势感知数据信息,是美陆军作战指挥系统数字化建设的一部分。FBCB2/BFT 的发展历程可以划分为第一代蓝军跟踪系统(FBCB2/BFT1)和第二代蓝军跟踪系统(FBCB2/BFT2)两个阶段。蓝军跟踪系统有多种型号,部分版本包括独立的便携终端,供徒步步兵、特种作战部队、侦察部队使用。

1. 终端形态

蓝军跟踪系统包含多种便携终端形态(图 1-2),内嵌 L 频段卫星通信收发信机、GPS 定位接收机、FBCB2 系统软件、双向指挥控制消息集、CADRG 格式地图等,可进行红蓝态势感知。

图 1-2　蓝军跟踪系统便携终端形态

2. 主要功能

用户利用终端内部的 L 频段卫星收发器向通信卫星发送信号,卫星将其位置信号反馈到战区中央计算机中,中央计算机将战区内所有友军部队和车辆的位置发送给终端用户。在终端用户的屏幕上,蓝色图标代表友军,红色图标代表敌军。点击任何一个蓝色图标都会显示该单元的方向和速度。该系统每隔 5 min 或地面车辆每移动 800 m、飞机移动 2 300 m 时,就更新一次数据。

第二代蓝军跟踪系统(FBCB2/BFT2)是在第一代蓝军跟踪系统基础上,主要围绕信息传输路径简化、网络协议优化和软件系统升级,使得信息能够直接从 L 频段卫星传送至用户。第二代蓝军跟踪系统使态势信息传送、数据下载、作战单位定位信息更新时间缩短至秒级,并装配了更安全的数据加密设备和先进的测绘套件等,下载态势感知数据比第一代快 60 倍,上传数据率则提高了 100 倍,如表 1-2 所示。

表 1-2 第一代和第二代蓝军跟踪系统技战术参数对比表

技术升级项目	第一代蓝军跟踪系统	第二代蓝军跟踪系统
友军位置更新速度	≥5 min	5~10 s
下载信息速率	2.6 kbps	≥122 kbps
上传信息速率	0.3 kbps	≥3 kbps
下行技术体制	TDMA-QPSK	CDMA-GMSK-LDPC
上行技术体制	TDMA-QPSK	TDMA-QPSK-PCCC
信息容量	600 msg/s	6 000 msg/s
分发/接收方式	半双工通信	全双工通信
IP 网络技术	无	有
FIPS 140-2 数据链安全技术	无	有
支持发送数据文件和文本信息	无	有
军事环境测试	无	有
电磁干扰测试	无	有
电磁兼容认证	无	有

3. 技术特点

(1) 便捷的数据传输路径。按照第一代蓝军跟踪系统信息传输路径,来自前沿部署单位的数据需先传送到美国本土的网络中心,由网络中心处理并转发至战区指挥人员。而第二代蓝军跟踪系统中,L 频段卫星转发器可直接将信息数据传送至战区指挥人员。另外,第二代采用全双工通信方式,效率高于第一代的半双工单向通信方式。

(2) 开放的 IP 网络。蓝军跟踪系统成熟之前只能通过增强型定位报告系统(enhanced position location reporting system, EPLRS)的视距电台,再结合战术互联网络,才能保持战场态势感知能力。而第二代蓝军跟踪系统则将传统的专用网转换成开放的 IP 标准通信网。第一代蓝军跟踪系统在汇接点可以与第二代蓝军跟踪系统兼容,所传送的数据也完全相同。两者在未来几年都能保持兼容。

（3）新型的软件。第二代蓝军跟踪系统通过采用新型软件,将卫星数据更新延迟时间缩短到 10 s 或者更短,提高了总部和部队间信息传输容量,新的用户界面具有触摸缩放、图标拖放等更直观的操作特性。

1.3.2　SeeMe 卫星系统手持终端

1. 终端形态

SeeMe 计划的目标是支持接近便签簿尺寸的、安装安卓操作系统的商用手持终端,使用户在终端上能够输入感兴趣目标的经纬度和时间,并附上 ID 标志;也能够接收、显示并处理所得图像。

2. 主要功能

SeeMe 计划旨在为单兵在遥远地带和超视距条件下提供立即响应式的天基战术情报支持能力。从基层作战部队提出成像请求到分发图像可在 90 min 内完成,支持“即指即拍”。每颗 SeeMe 卫星能同时支持 10 个并发地面用户,从地面用户通过手持设备向卫星发出成像请求到接收到图像数据用时不超过 90 min。在 300 km 轨道高度上,能够获取星下点分辨率优于国家图像解析度分级标准中的 5 级（NIIRS5）的可见光图像,对应的地面分辨率为 0.75~1.2 m。

3. 技术特点

由于 SeeMe 卫星系统用户手持终端天线增益仅为 0 dB,为解决星地链路传输问题,采用如图 1-3 所示的方法。首先,星上和手持终端都采用基于 FPGA 的灵活软件无线电架构,支持从 L 到 S 的宽频段和多种波束形状;其次,因用户需求上传和响应信息下传速率数据量较小,在无线电可视范围内采用 S 频段、25 kbps 数据率进行传输;而由于下行图像传输数量较大,在 50° 仰角以上区域内采用 L 频段、1.6 Mbps 数据率进行传输。

SeeMe 系统手持终端直接与卫星进行 25 kbps 指令和 1.6 Mbps 图像的传输（图 1-4）。SeeMe 系统支持星间交叉链路,采用 S 频段低速链路（25 kbps）将相互可见的卫星铰链在一起。SeeMe 系统对用户上传的需求采取先入先出（first input first output, FIFO）的规则进行处理。如果某颗卫星无法满足用

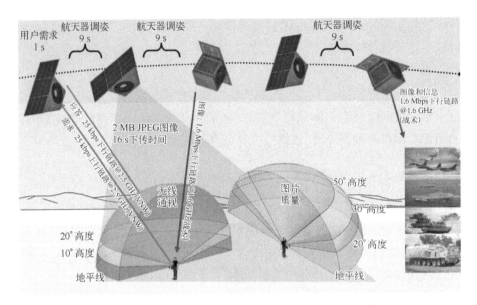

图 1-3　基于手持终端的 SeeMe 卫星系统数据传输示意图

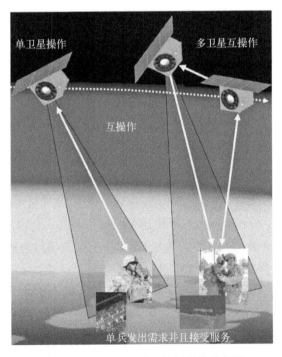

图 1-4　SeeMe 系统无依托通信示意图

户上传的某条需求,可通过星间链路传送至可视范围内的相邻卫星,由相邻卫星判断并处理。采用低速星间链路能够完成用户需求的转发,同时可降低对天线方向性的要求。

为避免多用户接入冲突,S 频段上下行链路采用基于 TDMA 的分段 Aloha(Slotted Aloha)组网接入协议。分段 Aloha 协议已成功应用于多种无线网络之中,能以较简单的协议尽量减少碰撞、提高数据传输成功率,因此十分适合 SeeMe 系统,能够有效规避用户信息在地面段和空间段的冲突。在 SeeMe 系统中,每秒被分成 10 个 0.1 s 长度的独立时隙,按需分配给星间链路、上行需求链路及下行响应链路。系统根据 GPS 时间完成时隙同步。

1.4　本章小结

本章从卫星数据传输能力、卫星数据传输技术、卫星数据传输终端三个方面阐述卫星数据传输的发展现状。总体来讲,国内卫星数据传输速率目前虽已经做到了 Mbps 级甚至 Gbps 级,但与国际先进水平仍有一定差距,主要表现为对地面大口径天线和星上大功率发射机的依赖性很强,要实现类似蓝军跟踪系统、SeeMe 卫星系统的小型便携用户终端,需要进一步提高有限链路功率条件下卫星数据传输的效率。

第 2 章 新型卫星数据高效 传输系统

2.1 直接面向用户的卫星数据高效传输机制

本节中,卫星与地面接收站之间的传统数据传输机制不再赘述,重点探索直接面向用户的新型高效数据传输机制。该数据传输机制最显著特点是用户通过手持终端和在轨卫星直接交互,获取高效信息服务,如图 2-1 所示。其中,鉴于星上发射功率和手持终端天线增益受限,低密度遥测、星地协同处理的方法被提出,来简化星地链路、减轻传输负担,该数据传输机制还采用星间链路转发信息(图 2-1 中虚线箭头所示)、多星协同传输信息及手持终端主动采集信息等策略弥补在轨卫星空间和时间分辨率的不足,从而最大限度地利用空间系统的有限资源。

1. 用户获知卫星状态

鉴于过境窗口有限,卫星在过境前借助中继通信卫星的转发向手持终端发送遥测信息,供用户尽早获知卫星状态,并且预测卫星过境。为简化星地传输链路,研究人员将传统遥测信息低密度化,即对星上常规遥测参数进行汇总、评估,形成自身健康状态、任务状态、轨道信息等简短报文。

2. 用户上传需求

为保证用户需求及时上传,以便遥感卫星有充足时间进行自主任务规划和任务执行,用户编辑、上传需求的时机不受卫星过境窗口限制,过境前可借助中继通信卫星转发,过境时可直接上传。

3. 卫星响应需求

卫星接收到用户需求后,进行自主任务规划,并回传响应信息以告知用户任务规划情况。

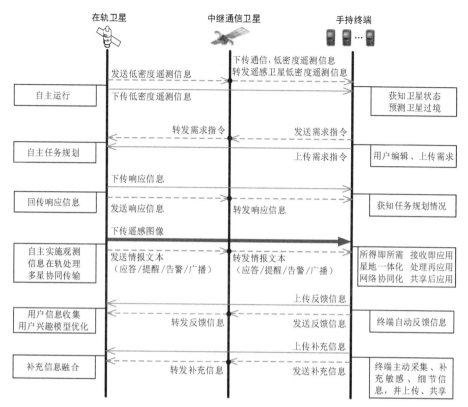

图 2-1　卫星数据高效传输运行机制（实线箭头：卫星过境；虚线箭头：卫星不过境。）

4. 卫星实施任务

卫星完成观测任务以及信息在轨处理。信息在轨处理的程度以链路最简化为原则，与地面手持终端的后续处理密切配合。

5. 面向用户提供服务

（1）服务模式：包括应答、提醒、告警和广播等。应答是由用户需求驱动的情报产品反馈；提醒是卫星根据用户兴趣模型，提取对用户有潜在价值的信息，并发送提示短消息；告警是在出现高优先级信息的前提下，无论用户是否有需求、是否符合用户兴趣模型，都主动向用户发送该信息并显示；广播是面向用户组织专题数据，以实时广播的形式发送到用户。

（2）产品形式：情报产品包括情报文本和遥感图像两种。情报文本是经星上在轨信息处理得到的文本形式产品，内容包括目标类型、大小、位置等，数据量较小，可通过低速的星间链路转发；遥感图像则是卫星根据用户需求截取的局部图像，或是对标准产品进行自动目标检测后截取目标区域图像切片,数据量稍大,需在卫星过境时通过高速遥感链路下传。

(3)传输方式:考虑到星地传输链路容量受限,可采取多星协同传输措施,若多颗卫星同时过境,则通过星间链路共同分担传输任务,实现星上功率的倍增;若多颗卫星相继过境,则后续过境卫星通过星间链路接替传输任务,实现过境时间的扩展。

6. 用户应用信息

(1)所得即所需、接收即应用:即卫星处理结果可为用户直接应用。

(2)星地一体化、处理再应用:即终端在卫星处理基础上进行一定的后续处理,如与手持终端预装的电子地图、GIS 数据库等融合后再应用。

(3)网络协同化、共享后应用:即将多个用户接收的信息进行共享与融合后再应用。

7. 用户反馈信息

信息应用完成后,手持终端自动反馈信息,供卫星进行用户兴趣模型的维护与优化。

8. 用户补充信息

为弥补在轨卫星时间、空间分辨率的不足,用户可对周边敏感、细节、重要信息进行采集,并上传卫星或与其他用户共享,作为空间系统的信息补充。

2.2 直接面向用户的卫星数据高效应用模式

直接面向用户的卫星应用是区别于常规空间系统的新型应用方式,侧重于面向任务现场一线用户直接提供基本信息服务,将传感器与一线用户的手持终端直连,达到空间信息接收即应用的效果。终端平台规模、数据传输能力、信息处理能力严重受限,所涉及的传输、处理、应用等相关技术难度较大。现有卫星应用手持终端大多依靠地面通信网、中继卫星或通信卫星转发空间信息,能够直接接收卫星遥感信息并兼具通信、导航能力的综合型手持式终端需求迫切。

因此,本书结合星上处理能力和手持终端能力的发展,设计如下理想模式和实用模式。

1. 理想模式

在一线任务条件下,最理想的应用模式是依靠星上自主信息获取与处理,得到满足现场一线用户需求的最终情报产品,通过星地直通链路发送给用户,用户接收即应用,如图 2-2 所示。

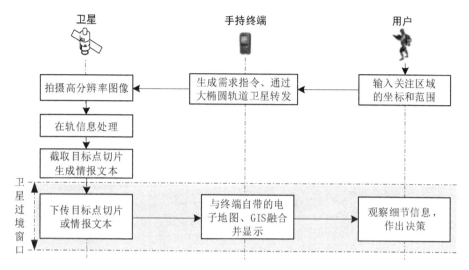

图 2-2 基于手持终端的理想应用模式

2. 实用模式

在基于手持终端的应用系统中,卫星平台规模、终端信息传输处理能力和链路功率有限,难以实现全部信息的完整下传或者完全依赖卫星智能提取关键信息,此外,考虑到星上处理能力的发展程度及现场态势、环境的复杂多变,完全依赖卫星自主提取关键信息的可靠性难以保证,所以需紧扣系统资源受限的特点,研究高效的卫星数据应用模式,以提升信息服务时效性、提高星地传输效率、减轻星地链路负担。

基于上述考虑,本书提出一种"卫星-终端-用户"协同应用的实用模式。以手持终端作为星地交互接口,实现用户与卫星之间的互操作。图 2-3 所示为本书设计的 3 种实用模式。

图 2-3(a)为目标侦察模式。卫星通过在轨信息处理对可能的疑似目标进行初步识别、目标切片截取、降分辨率并添加必要的注释信息,以减小数据传输量并尽可能辅助用户判断;用户选定并通知卫星下传最终兴趣点的高分辨率切片,完成细节观察并作出决策。这样能够在信息吞吐量和星上处理能力受限的条件下既快又准地获取最重要的信息。

图 2-3(b)为区域侦查模式。卫星通过在轨信息处理对可能的疑似目标进行初步识别,截取目标数量较多的区域下传,对疑似目标进行标注、添加

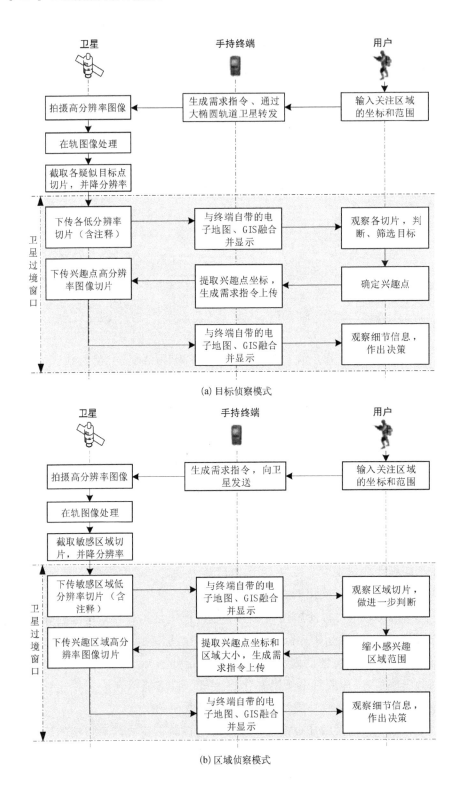

(a) 目标侦察模式

(b) 区域侦察模式

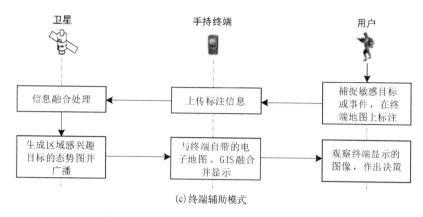

(c)终端辅助模式

图 2-3　"卫星-终端-用户"协同应用模式

注释信息,以减小数据传输量并尽可能辅助用户判断;用户选定感兴趣区域,并通知卫星下传该区域高分辨率切片,完成细节观察并作出决策。这样能够在信息吞吐量和星上处理能力受限的条件下既快又准地获取最重要的信息。

图 2-3(c)为终端辅助模式。手持终端主动捕捉、采集用户周边敏感、细节信息,包括拍摄敌方隐蔽火力点、桥梁道路损毁等敏感目标照片,记录敌方部队机动、堰塞湖隐患等敏感事件,采集温度、湿度、气压等气象信息,并上传卫星进行融合,从而与其他用户共享。这样能够将卫星侦察和人的感知相结合,弥补空间系统的空间/时间分辨率的不足并提高对敏感事物的感知能力。

2.3　本章小结

本章在卫星与地面接收站之间传统数据传输机制的基础上,探索基于手持终端的新型高效数据传输机制和应用模式,突出空间信息对一线用户的快速、精准支持以及卫星与用户终端之间的相互操作。

第3章　卫星数据传输信道

卫星过境地面站进行数据传输的过程中,链路损耗变化而数据传输速率不变,是导致传统数传方式信道资源利用率低的主要原因,本章着重分析链路损耗的变化规律,建立星地链路损耗模型,为卫星数据高效传输的研究奠定基础。

3.1　卫星数据传输损耗分析

传输链路损耗传输是因为传统固定速率数据传输模式下,信道资源没有得到充分利用。建立星地链路的损耗模型对于分析卫星数据传输链路损耗问题规律、自适应传输的相关技术的研究和自适应方案设计有非常重要的意义。

传输链路损耗是指电磁波在空间传输中能量的衰减,衰减主要包含两大类:一种是传输路径损耗,包括自由空间传输损耗、大气雨衰等;另一种是传输过程中由于电磁波的反射、折射、衍射等现象引起的电磁波的接收信号衰减,包括遮挡引起的阴影衰落、多径效应等。

卫星数据传输中衰减主要包括自由空间传输损耗、大气雨衰、多径效应、阴影衰落等。本节主要讨论自由空间传输损耗和大气雨衰。

3.1.1　自由空间传输损耗

电磁波在自由空间传播随着距离的增加能量逐渐衰减,接收信号的能量可由下式表示:

$$P_r = \frac{P_t G_t G_r \lambda^2}{(4\pi)^2 d^2 L} \qquad (3-1)$$

其中，P_t、P_r 表示发送信号和接收信号能量；G_t、G_r 表示发送和接收天线增益；λ 表示波长；L 为损耗系数；d 为星地传输距离。通信系统中将 P_t 和 P_r 的比值定义为传输损耗，则

$$L_0 = \frac{P_r}{P_t} = \frac{G_t G_r \lambda}{(4\pi)^2 d^2 L} \tag{3-2}$$

其中，L_0 为传输损耗，以 dB 为单位时，可表示为

$$L_0 = -10 \lg \left[\frac{P_t G_t G_r \lambda^2}{(4\pi)^2 d^2 L} \right] \tag{3-3}$$

当 $G_t = G_r = L = 1$ 时，L_0 为自由空间传输损耗，则星地链路传输损耗的计算公式为

$$L_0 = 20 \lg \left(\frac{4\pi d}{\lambda} \right) \text{dB} \tag{3-4}$$

其中，λ 为波长；d 为星地传输距离。由图 3-1 可知卫星与地面站的几何关系得出 d 的传输距离为

$$d = \sqrt{(r\sin\theta)^2 + 2rh + h^2} - r\sin\theta \tag{3-5}$$

其中，r 为地球半径；h 为卫星轨道高度，设为 400 km；θ 为卫星仰角；ϕ 为地心-卫星连线与地心-地面站连线之间的夹角。地球半径 r 取 6 400 km，数传采用 X 频段，频率取 10 GHz，仰角 θ 为 $\pm5°\sim\pm90°$（仰角太低时容易产生阴影衰落，一般不用于数传，故从 15° 开始）时，自由空间传输衰减变化如图 3-2 所示。

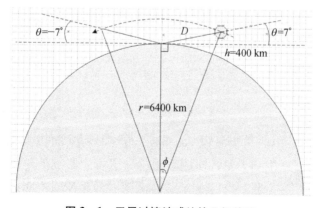

图 3-1　卫星过境地球站的几何关系

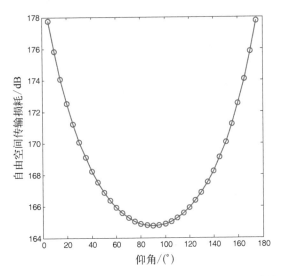

图 3-2　遥感卫星过境期间的自由空间传输损耗变化

图 3-2 中用 90°~175°来表示-5°~-90°。可以看出,仰角为 5°时自由空间传输衰减约为 178 dB,而处于正上方时(仰角 90°),衰减约为 165 dB,整个过程的传输衰减跨度约为 13 dB。

3.1.2　阴影衰落

本小节主要分析阴影衰落。卫星在轨运行,终端仰角随之变化,由于云雾等原因引起衰落,并且星地的传输路径发生变化,从而使阴影衰落发生变化。卫星数据传输中的阴影衰落可被建模成对数正态分布(log-normal),即阴影衰落 x 的 dB 值是符合高斯分布的,可设其均值为 α(dB),方差为 ψ(dB),则概率密度函数 p(x) 服从:

$$p(x) = \begin{cases} \dfrac{1}{\sqrt{2\pi}\psi x} e^{-\frac{(\ln x - \alpha)^2}{2\psi^2}} &, x \geqslant 0 \\ 0 &, x < 0 \end{cases} \tag{3-6}$$

其概率密度函数中的两个参数(α 和 ψ)与当时所处的环境和终端仰角有关,研究者通过建模和大量的实测数据验证了将阴影衰落建模成对数正太分布的合理性[31]。表 3-1 中为研究者测得各仰角所对应阴影衰落的方差和均值。

表 3−1　不同场景条件下的阴影衰落测量值

仰解/(°)	LOS(开阔地带)		中 度 阴 影		重 度 阴 影	
	α/dB	Ψ/dB	α/dB	Ψ/dB	α/dB	Ψ/dB
10	−0.400	1.76	−10.9	3.78	−21.0	6.56
20	0.600	1.50	−15.3	7.00	−29.9	8.70
30	0.450	1.90	−11.7	4.80	−23.8	9.90
40	−0.100	1.70	—	—	—	—
50	0.200	2.10	−4.20	1.95	−6.50	1.87
60	−0.200	1.80	−3.90	1.90	−6.60	1.00
70	−0.500	1.80	4.24	1.80	—	—

根据表 3−1 总结的不同场景下阴影衰落的测量值,可以通过内插和外插得到卫星过境地面站整个过程中的阴影衰落变化过程。

3.1.3　大气雨衰损耗

电磁波在星地信道传输过程中会受到降雨、云雾的影响,其本质主要是雨滴、云雾吸收电波能量,且会使电磁波出现散射。在这样的双重影响下,链路传输损耗会增大,同时也会提高系统的噪声温度。电波的衍射散射等还会引起电波间的相互干扰,降雨量较大时,还会导致去极化效应,而不同的频段衰减特性相差较大。国际电信联盟(International Telecommunication Union, ITU)做了详细的频段的分配,当信号频率超过 10 GHz,雨衰引起的链路损耗值最高达 10 dB 以上[32],且损耗值随着信号频率的增大而增加。不同的地理环境、不同仰角,大气雨衰损耗不同。ITU 针对雨衰问题提出了一系列建议,目前我国主要是采用 ITU−R 建议的 CCR 模型,其计算公式为

$$A = a \cdot R^b \cdot L(R) \tag{3−7}$$

其中,A 表示雨衰损耗值;R 表示地面降雨速率;$a \cdot R^b$ 则表示单位长度雨衰值;$L(R)$ 为电波传输路径长度,其主要是受仰角和降雨区域影响,CCR 模型中 $L(R)$ 的值是采用统计平均的方式得到。

卫星数据传输常用频段为 X、Ka 频段,必须考虑大气雨衰损耗问题。传统方式主要是通过设置一定的链路余量或者通过建立雨衰模型的方式对抗雨衰损耗。本书以 CCR 模型为基础,以国内某数传站大气雨衰损耗值为例,表 3−2 所示为得到各仰角大气雨衰最大值[33]。

表 3-2　某站各仰角对应的最高大气雨衰损耗值

仰角/(°)	大气损耗及雨衰损耗值/dB
5	9.0
10	8.5
15	8.0
25	7.0
40	6.0
60	5.0

3.1.4　总传输损耗

结合大气雨衰、阴影衰落与自由空间传输损耗,可以得到总的链路损耗随仰角变化情况如图 3-3 所示。可以看出,总的传输损耗最大在最低仰角 5°,且在有大雨雨衰时,约为 187 dB,最小损耗在过境和晴空时,约为 165 dB,跨度达 22 dB。即如果按照最低仰角时计算链路并考虑足够的大气雨衰余量,在卫星过境且天气情况好时会有 22 dB 的余量。

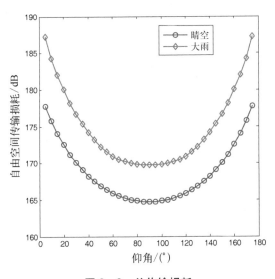

图 3-3　总传输损耗

卫星数据传输链路通常采用固定速率传输,为了提高卫星过境期间的数据适用性,一般按很低的仰角设计,因为低仰角的传输速率低,而在高仰角和大气环境好时有很大的链路余量,却未得到充分利用。

总之,卫星过境期间的链路损耗变化范围较大,云雾遮挡、降雨等不确定因素较多。对于珍贵的链路资源,如果预留过多的余量来满足信道不确定因素,将会导致数据传输效率较低。更为合理的方式是根据信道条件适当调整传输速率,提高信道资源利用率。

3.2　卫星数据传输系统模型

本书考虑单收单发的卫星数据传输系统,如图 3 − 4 所示。发送端与接收端之间的瞬时距离为 D_{TR}。假设两端之间的信道为 AWGN(additive white gaussian noise)信道。发送端的信源信息用比特"0"和"1"表示,K 个信源比特经过无速率编码后生成 N 个编码比特 w,利用数字调制将 w 映射为复信号 x,则接收端译码器的输入信号为

$$y = x + n \tag{3-8}$$

其中,n 是方差为 σ^2 复高斯白噪声。需要说明的是,n 中同相路和正交路的方差为 $\sigma^2/2$。

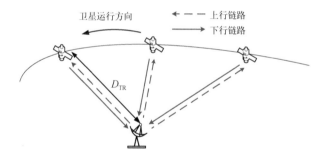

图 3 − 4　单收单发卫星数据传输系统模型

假设接收端译码器的输入瞬时符号信噪比为 E_s/N_0,输入瞬时比特信噪比为 E_b/N_0,其中 N_0 为噪声的单边带功率谱密度,$N_0/2$ 为双边带功率谱密度。将接收符号的能量归一化为 1,即 $E_s = 1$,则 σ^2、E_s/N_0 和 E_b/N_0 三者之间的关系为

$$\sigma^2 = N_0 = \frac{E_s}{10^{(E_s/N_0)/10}} \tag{3-9}$$

$$\frac{E_b}{N_0} = \frac{E_s}{N_0} - 10 \lg k \tag{3-10}$$

其中, k 为每个复信号中包含的有效比特数。若令调制阶数为 M_o, 无速率码的瞬时码率值为 $R = K/N$, 则

$$k = R\log_2 M_o \tag{3-11}$$

接收端根据复信号 y 和 E_s/N_0, 结合最大后验概率(maximum a posteriori probability)准则,可计算求得 M – QAM 调制下每个编码比特的 LLR(Log-Likelihood Ratio,对数似然比)信息为

$$L(w_i \mid y) = \begin{cases} \ln \dfrac{\sum\limits_{j \in S_i^0} \exp\left(-\dfrac{\mid y_\mathrm{I} - s_{\mathrm{I},j} \mid^2}{N_0}\right)}{\sum\limits_{j \in S_i^1} \exp\left(-\dfrac{\mid y_\mathrm{I} - s_{\mathrm{I},j} \mid^2}{N_0}\right)}, & i = 1, \cdots, \dfrac{\log_2 M}{2} \\[4ex] \ln \dfrac{\sum\limits_{j \in S_i^0} \exp\left(-\dfrac{\mid y_\mathrm{Q} - s_{\mathrm{Q},j} \mid^2}{N_0}\right)}{\sum\limits_{j \in S_i^1} \exp\left(-\dfrac{\mid y_\mathrm{Q} - s_{\mathrm{Q},j} \mid^2}{N_0}\right)}, & i = 1 + \dfrac{\log_2 M}{2}, \cdots, \log_2 M \end{cases}$$

$$\tag{3-12}$$

其中, $L(w_i \mid y)$ 表示 w_i 的 LLR 信息值; y 表示 y 中的任意一个复信号; w_i 表示 y 中的第 i 个比特; S_i^0 和 S_i^1 分别表示映射星座图中第 i 个比特为 0 和 1 的星座点的集合; $s_{\mathrm{I},j}$ 和 $s_{\mathrm{Q},j}$ 分别表示第 j 个星座点 s_j 的同相和正交分量。

接收端译码器利用编码比特的 LLR 信息,采用 BP 算法进行译码,得到译码后的比特值。经过 CRC 校验,若检测到译码成功,则向发送端反馈确认信息 ACK,发送端收到 ACK 后开始发送后续数据;若译码失败,则向发送端反馈 NACK 信息,请求重传数据。

3.3 卫星数据传输链路模型

本节对星地链路进行建模分析。在星地链路预算中,通常使用译码器的输入瞬时比特信噪比衡量信道的好坏。

3.3.1 无编码时的链路计算方程

无编码时的链路计算方程为

$$\frac{E_{\mathrm{b}}}{N_0} = \mathrm{EIRP} + \frac{G}{T} - L - R_{\mathrm{b}} - M + 228.6 \tag{3-13}$$

其中,EIRP 为卫星发射天线的等效全向辐射功率;G/T 为地面接收天线的品质因数;L 为链路传输损耗;R_{b} 为未编码时的数据传输速率;M 为系统备余量;常数值 228.6 为玻尔兹曼常量取对数后的结果;M_0 为调制阶数。需要说明的是,上述所有参数均是采用 dB 形式计算的。

根据式(3-3)和式(3-4),可写出以符号信噪比为衡量标准的链路计算方程为

$$\frac{E_{\mathrm{s}}}{N_0} = \mathrm{EIRP} + \frac{G}{T} - L - R_{\mathrm{b}} - M + 228.6 + 10\lg M_0 \tag{3-14}$$

1. EIRP 的计算方法

在卫星链路预算中,常用等效全向辐射功率 EIRP 来表示天线发射的载波功率大小。EIRP 是输入信号的功率,其值等于天线实际发射的载波功率 P(单位为 W)和天线增益 G(量纲为 1)的乘积,即

$$\mathrm{EIRP} = PG \tag{3-15}$$

2. G/T 的计算方法

G/T 是天线的品质因数,其值为天线增益与天线噪声温度的比值。不同类型的天线,其增益的计算方法不同。对于喇叭天线、卡塞格伦天线,其增益(dB 值)为

$$G = 10\lg\left[\left(\frac{\pi D}{\lambda}\right)^2 \eta\right] \tag{3-16}$$

其中,D 为天线直径;λ 为工作波长;η 为天线效率。

接收系统中的天线、馈源、馈线、低噪声放大器及后端的接收设备,可以看作是一个级联网络,而整个接收系统 G/T 值的计算与所选取的参考点无关。在实际过程中,一般将低噪声放大器输入端口作为参考点,此时接收系统的等效噪声温度 T_{s} 为

$$T_{\mathrm{s}} = \frac{T_{\mathrm{A}}}{L_{\mathrm{r}}} + \left(1 - \frac{1}{L_{\mathrm{r}}}\right)T_0 + T_{\mathrm{r}} \tag{3-17}$$

其中,T_{A} 为接收天线的等效噪声温度;L_{r} 为馈源至低噪放之间的损耗,主要为馈线损耗;T_0 为环境温度;T_{r} 为低噪放之后设备的等效噪声温度,上述所

有温度的单位均为 K。

综上,接收系统的 G/T(dB 值)为

$$\frac{G}{T} = G - T_s \tag{3-18}$$

3. L 的计算方法

影响链路传输损耗的因素主要有:自由空间传播损耗、极化损耗、指向损耗、大气损耗、降雨损耗等,计算方式如下:

$$L = L_f + L_p + L_{rp} + L_a \tag{3-19}$$

自由空间传播损耗是卫星信号传输过程中最主要的损耗,距离发射天线 d 处的传输损耗为

$$L_f = 10 \lg\left(\frac{4\pi d}{\lambda}\right)^2 \tag{3-20}$$

其余几种损耗可通过查表获得。

3.3.2 采用信道编码时的链路计算方程

当采用信道编码时,接收端可获得额外的编码增益 G_c,此时的链路计算方程为

$$\frac{E_b}{N_0} = \text{EIRP} + \frac{G}{T} - L - R - R_c + G_c - M + 228.6 \tag{3-21}$$

其中,R 为编码码率值;R_c 为编码后的数据传输速率;G_c 为编码增益,其余参数与式(3-6)相同。

同样,以符号信噪比为衡量标准时的链路方程为

$$\frac{E_s}{N_0} = \text{EIRP} + \frac{G}{T} - L - R - R_c + G_c - M + 228.6 + 10 \lg k \tag{3-22}$$

式(3-22)中,R_c 表示的传输速率是以"bps"为单位的。实际上,以符号信噪比为衡量标准时,通常用"符号/s"衡量更直观。为此,令 R_s 表示符号传输速率,其与 R_c 的关系(对数形式)为

$$R_c = R_s + 10 \lg(\log_2 M_o) \tag{3-23}$$

将式(3-4)、式(3-16)代入式(3-9)中可得

$$\frac{E_s}{N_0} = \text{EIRP} + \frac{G}{T} - L - R_s + G_c - M + 228.6 \qquad (3-24)$$

对于采用固定码率值信道编码的系统而言,其链路预算的目的在于:求解卫星过境期间的比特信噪比的变化情况,以判断当前参数条件是否能满足系统所需要的最低 BER 标准。例如,以 BER 为 10^{-5} 为标准,QPSK 调制方式的比特信噪比门限值为 9.6 dB;若在当前码率 R 编码增益 G_c 下的链路预算结果中, E_b/N_0 的值小于 9.6 dB,则说明当前参数无法满足 10^{-5} 的 BER 标准,需要降低 R 以获得更高的编码增益。

3.4　本章小结

本章首先全面分析了卫星数据传输过程中面临的各种损耗,在此基础上研究了卫星数据传输的系统模型,以及无编码、有编码条件下卫星数据传输的信道模型。相关内容是本书后续章节的必要基础。

第二篇　基于自适应的卫星数据高效传输技术

第4章 卫星数据变速率传输技术

若按传统设计,则在确定卫星数据传输速率时,需要考虑最差的信道条件,即按最低仰角(最远传输距离)进行链路预算,因而整个过境窗口数据传输速率恒定,在高仰角(传输距离近)条件下,链路损耗降低,相应的链路余量将增大,如图4-1所示。这些余量在以往的系统设计中并未得到充分利用,存在链路功率资源的浪费,充分利用有限链路功率资源的需求极为迫切。因此,提出可变速率数据传输体制,使得卫星数据传输速率能够随着仰角的增加而提高,从而最大化卫星过境窗口下传的数据量。

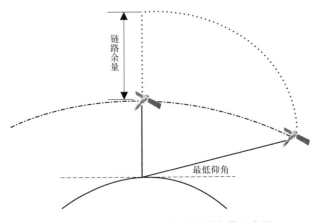

图4-1 传统固定速率传输链路余量示意图

4.1 卫星数据变速率传输实现方法

变速率传输的核心思想,就是根据当前接收信噪比动态选择最优的编码方式和调制方式的组合,从而达到最高的传输效率。变速率传输方案的设计步骤如下:

（1）对多种候选编码方式和调制方式的组合方案进行 SNR - BER 性能仿真，找到每种传输方案针对预设 BER 性能（如 10^{-6}）的解调门限（SNR）；

（2）根据解调门限划分 SNR 区间，找到每个区间的最优传输方案。

1. SNR - BER 性能仿真

图 4 - 2 ~ 图 4 - 5 分别为 BPSK、QPSK、8PSK、16QAM 四种常用调制方式与不同编码速率 Turbo 编码相组合的 SNR - BER 曲线。每张图都包含 4 条码率的性能曲线，分别对应 4 种编码速率 1/3、1/2、3/5、4/5。基于这 4 张

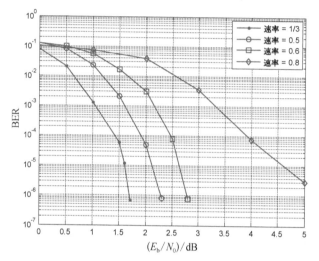

图 4 - 2　BPSK 的 SNR - BER 性能仿真

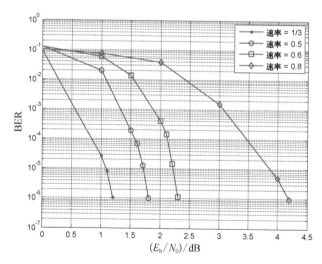

图 4 - 3　QPSK 的 SNR - BER 性能仿真

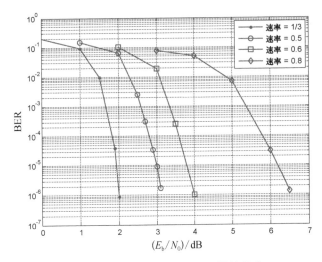

图 4 - 4　8PSK 的 SNR - BER 性能仿真

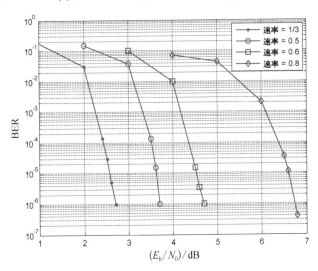

图 4 - 5　16QAM 的 SNR - BER 性能仿真

图,可以找到每种传输方案的解调门限(E_b/N_0)及对应的传输效率,如表 4 - 1 所示。

表 4 - 1　不同传输方案的传输效率和解码门限

调制	BPSK				QPSK				8PSK				16QAM			
编码速率	1/3	1/2	3/5	4/5	1/3	1/2	3/5	4/5	1/3	1/2	3/5	4/5	1/3	1/2	3/5	4/5
传输效率/bps	1/3	1/2	3/5	4/5	2/3	1	6/5	8/5	1	3/2	9/5	12/5	4/3	2	12/5	16/5
(E_b/N_0)/dB	1.7	2.3	2.8	5.6	1.2	1.8	2.3	4.2	2	3.1	4	6.5	2.8	3.8	4.8	6.8
SNR/dB	-3.07	-0.71	0.58	4.63	-0.56	1.8	3.09	6.24	2	4.86	6.55	10.3	4.05	6.8	8.6	11.9

通常,通信系统以接收信号强度或者 SNR 为标准进行传输方式的选择,因此表 4-1 中还给出了 SNR 的解调门限,其与 E_b/N_0 换算关系为

$$\mathrm{SNR} = \frac{f_\mathrm{sym}}{f_\mathrm{samp}} \times \frac{E_\mathrm{s}}{N_0} \qquad (4-1)$$

$$\frac{E_\mathrm{s}}{N_0} = \frac{E_\mathrm{b}}{N_0} + 10 \lg k \qquad (4-2)$$

其中,f_sym 为符号速率;f_samp 为采样速率;k 表示每符号的比特数。本书的仿真中没有使用过采样,因此有

$$\mathrm{SNR} = \frac{E_\mathrm{b}}{N_0} + 10 \lg k \qquad (4-3)$$

2. SNR 区间划分及最优传输方案确定

根据图 4-2~图 4-5 及表 4-1,可得图 4-6 和表 4-2。图 4-6 为不同传输方案的解调门限及相应的传输效率。表 4-2 为将 SNR 轴分为 11 个区间,每个区间的最优传输方式及其传输效率。这个表即为理论上的自适应调制编码方案。

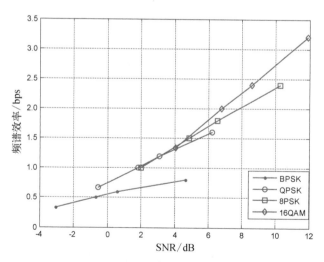

图 4-6 不同传输方案的解调门限及相应的传输效率

根据表 4-2 可以画出图 4-7,从而直观地显示自适应调制编码的选择方式和性能。

表 4-2 不同区间的最优传输方式及其传输效率

SNR 区间/dB	最佳传输方案(调制+码率)	传输效率/bps
<-3.07	无	0
-3.07~-0.71	BPSK+1/3	1/3
-0.71~-0.56	BPSK+1/2	0.5
-0.56~1.8	QPSK+1/3	2/3
1.8~3.09	QPSK+1/2	1
3.09~4.05	QPSK+3/5	1.2
4.05~4.86	16QAM+1/3	4/3
4.86~6.8	8PSK+1/2	1.5
6.8~8.6	16QAM+1/2	2
8.6~11.9	16QAM+3/5	2.4
>11.9	16QAM+4/5	3.2

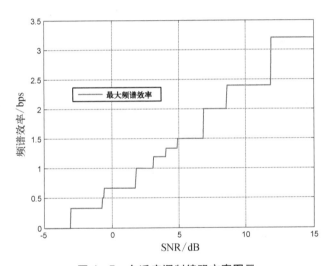

图 4-7 自适应调制编码方案图示

4.2 卫星数据变速率传输机制设计

前文明确了信噪比和最优传输方案之间的关系,在此基础上,按下述流程设计卫星过境窗口内的变速率传输机制。

(1)计算不同仰角情况下的传播距离;

(2)计算不同仰角情况下的接收信噪比;

（3）根据解码门限设计不同仰角区间的传输方案；

（4）计算每种传输方案的持续时间及期间的传输容量。

1. 系统参数及运行方式

星地链路基本参数如表 4-3 所示。地面终端天线指向始终跟踪卫星方位（接收增益为固定值），并从仰角 7°开始接收数据，直至仰角-7°停止接收数据。假设卫星运行轨迹经过地面站正上方，即最大仰角为 90°。

表 4-3　星地通信系统主要参数

参　　数	取　　值
轨道高度 h/km	400
载波频率 f/GHz	10
EIRP/dBW	31
终端接收增益 G_r/dB	3
终端温度 T/K	290
带宽 B/kHz	500
链路余量 L_m/dB	3.5

2. 传输距离计算

在不同仰角条件下，星地链路的传输几何结构如图 4-8 所示。地球半径（r）为 6 400 km，卫星飞行高度（h）为 400 km。当倾角为 θ 时，星地传输距离的计算公式为

$$D = \sqrt{(r\sin\theta)^2 + 2rh + h^2} - r\sin\theta \qquad (4-4)$$

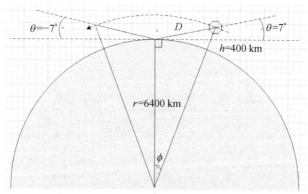

图 4-8　基于仰角的传播距离计算示意图

3. 接收信噪比计算

终端接收信噪比的计算方法为

$$SNR = EIRP - L_p - L_m + \frac{G}{T} - K - B \qquad (4-5)$$

其中,传输损耗为

$$L_p = 20\lg\left(\frac{4\pi D}{\lambda}\right) \qquad (4-6)$$

在仰角-7°~7°内,以一度为间隔,根据公式(4-4)、公式(4-5)和公式(4-6)计算接收信噪比,可得到如图4-9所示结果。

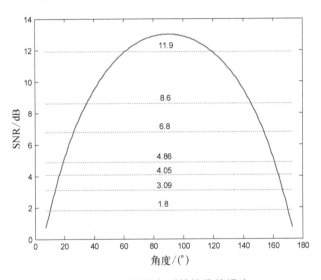

图4-9 不同仰角时的接收信噪比

4. 不同仰角区间的传输方案确定

按照表4-2将解码门限标注在图4-9中,即可确定不同仰角区间的最佳传输方案,如表4-4所示。

表4-4 不同仰角区间的最优传输方案

仰角区间段号	仰角区间/(°)	最佳传输方案	传输效率/bps
1	[7~10)+[-7~-10)	QPSK+1/3	2/3
2	[10~13)+[-10~-13)	QPSK+1/2	1
3	[13~16)+[-13~-16)	QPSK+3/5	1.2
4	[16~19)+[-16~-19)	16QAM+1/3	4/3
5	[19~26)+[-19~-26)	8PSK+1/2	1.5
6	[26~35)+[-26~-35)	16QAM+1/2	2
7	[35~61)+[-35~-61)	16QAM+3/5	2.4
8	[61~119]	16QAM+4/5	3.2

5. 每种传输方案持续时间及传输容量计算

由于卫星运行的角速度是一定的,因此某个仰角区间内的持续时间应该按照其对应卫星扫过的中心角范围计算。根据图 4-8,当倾角为 θ 时对应的中心角度计算公式为

$$\phi = \arcsin\left(\frac{D\cos\theta}{r+h}\right) \qquad (4-7)$$

根据表 4-4 中的仰角区间边界可求出每个仰角区间对应的中心角区间,如表 4-5 第 2 列所示。若将卫星扫过单位中心角的时间表示为 T,则可计算出每个仰角区间对应的持续时间,如表 4-5 第 3 列所示。

表 4-5　不同仰角区间对应的中心角区间及持续时间

仰角区间号	中心角区间/(°)	持续时间/T	传输效率/bps	传输容量/BT
1	[14~12)+[-14~-12)	4	2/3	2.67
2	[12~10.5)+[-12~-10.5)	3	1	3
3	[10.5~9.2)+[-10.5~-9.2)	2.6	1.2	3.12
4	[9.2~8.1)+[-9.2~-8.1)	2.2	4/3	2.93
5	[8.1~6.2)+[-8.1~-6.2)	3.8	1.5	5.7
6	[6.2~4.6)+[-6.2~-4.6)	3.2	2	6.4
7	[4.6~1.9)+[-4.6~-1.9)	5.4	2.4	12.96
8	[1.9~178.1]	3.8	3.2	12.16
总计				48.94

4.3　变速率传输与单速率传输比较

根据系统参数,终端接收数据的最小仰角为 7°,其对应卫星轨迹的最大中心角度可由公式(3-7)计算为 14°。据此,整个通信过程中卫星扫过的中心角区间为-14°~14°,总持续时间可表示为 28T。若最小仰角为 7°,则此时的接收信噪比为-0.56~1.8,因此传输效率为 2/3 bit/(s·Hz)。按这种最差情况计算,在整个卫星过境时间内,终端总的接收比特数为 2/3×28 BT。

另一方面,按照表 4-5 的统计,将每个仰角区间最优传输方案所对应的传输效率乘以持续时间,可得到每个仰角区间内的传输比特数(表 4-5 最后一列)。将所有区间的传输比特数相加即得到采用自适应调制编码情况下,

卫星过境总时间内的传输比特数为 48.98 BT。

对以上两者比较可知,变速率传输方案相比单一传输方案的传输效率提高程度为 48.94/18.67≈2.62 倍。

4.4 本章小结

长期以来,卫星数据传输沿用恒定数据传输的传统模式,导致高卫星仰角条件下的链路余量未能充分利用,限制了卫星数据传输效率。本章突破传统思维定式,设计数据传输速率随卫星仰角变高而相应提升的新型工作模式。在同等条件下,采用该新型工作模式可获得约 2.62 倍的传输效率提升。

第 5 章 卫星数据 AMC 传输技术

在第 4 章中,针对星地传输链路功率严重受限的特点,提出了基于变速率传输的技术体制,使得传输数据率随着仰角的增加而提高,能够提高卫星过境窗口内的总数据量,论证了该技术的可行性。在此基础上,本章围绕速率切换的自动判定和实施这个关键问题,借鉴移动通信、卫星通信中自适应调制编码(AMC)思想,研究卫星数据 AMC 传输技术。

目前,AMC 技术已经广泛应用于地面移动通信和卫星移动通信,但对其在卫星数据传输中的应用很少提到。所以,需从卫星数据传输信道模型(考虑路径损耗、阴影效应和多径效应)出发,深入挖掘 AMC 技术应用在卫星数据传输中与在移动通信、卫星通信中的区别,针对这些区别进一步改进具体实现方法,以提高其传输性能。

5.1 卫星数据传输 AMC 特性分析

5.1.1 不同应用场景下传输环境特点分析

1. 卫星移动通信场景中的传输环境特点

静止轨道卫星通信系统中的卫星始终位于用户终端上方。由于传输损耗巨大,通常只能在传输条件较好的直射场景中工作,因此信道衰落以平衰落为主。在这种场景中,信道的变化主要由天气情况决定,如雨衰、阴影等,信道衰落较为稳定,随时间变化不大。卫星通信下行传输可依据接收端反馈的信道状态信息直接选择最佳调制编码方式。由于信道较稳定,因此不存在反馈信息过期的问题。这种情形的典型代表就是 DVB-S 的自适应传输。

低轨卫星移动通信系统中的信道环境中存在多径,因此形成频率选择性衰落信道。另外,由于卫星的移动,信道呈现出一定的时变特性。但由于低轨卫星移动通信系统是由数十颗甚至上百颗卫星组成的,因此地面终端总是选择对自己覆盖较好的卫星进行通信,所以总体上信道状况的变化区间并不是很大。在这种情况下,尽管地面终端反馈的信道状况可能在抵达卫星时已发生变化,但是并不会变化很大,只需要考虑如何针对频率选择性衰落信道设计 AMC 方案。

2. 地面移动通信场景中的传输环境特点

首先,地面移动通信场景中存在较强的多径效应,因此必然是频率选择性衰落信道。第二,由于基站始终是静止的,信道的变化主要由用户的移动造成,且变化区间较大。但与卫星通信场景不同的是,尽管信道变化较快,但是终端与基站距离很近,传输延时很小,因此终端反馈信道状况的频率完全可以跟得上信道变化的速度,也不存在反馈信道状况过期的问题。这种情况下,仅需要考虑如何针对频率选择性衰落信道设计 AMC 方案。

3. 卫星数据传输传输场景中的传输环境特点

(1) 与低轨卫星移动通信场景类似,低轨卫星数据传输场景中的信道存在多径分量,是典型的频率选择性衰落信道,因此必须考虑如何针对频率选择性衰落信道设计自适应调制编码方法。

(2) 与低轨卫星移动通信场景不同,卫星数量往往较少(甚至只有1个),因此相对于地面终端来说,传输的仰角变化区间很大,信道衰落变化范围大,因此自适应调制编码技术有更大的施展空间。

(3) 与地面移动通信场景类似,低轨卫星数据传输场景下的信道变化速度较快,主要包括多径和阴影衰落。但由于低轨卫星数据传输的传输距离远远大于地面基站的覆盖范围,低轨卫星数据传输的往返传输时延较大,很有可能导致地面终端反馈的信道状态信息过期。因此,设计低轨卫星数据传输中的 AMC 方法时必须考虑信道状态过期的问题。

(4) 虽然低轨卫星数据传输场景中的信道衰落变化范围大,且变化较快,但是由于卫星的运行轨迹及过境过程固定,因此信道的变化趋势和速度有一定的规律可循,这有利于预测信道变化情况,从而弥补信道状态反馈过期带来的 AMC 方案选择错误。

5.1.2 对卫星数据传输中 AMC 的启示

基于以上分析,卫星通信、地面移动通信与卫星数据传输的信道特性对比如表 5-1 表示。从中可以看出两点。

表 5-1　卫星通信、地面移动通信与卫星数据传输的信道特性对比

	高轨卫星通信	低轨卫星通信	地面移动通信	卫星数据传输
衰落特征	平衰落	频率选择性较强	频率选择性很强	频率选择性较强
时变特征	变化很慢	变化较快	变化很快	变化很快
延时特征	延时很大	延时较大	延时很小	延时较大
信道可预测性	很强	较弱	很弱	很强

　　一方面,卫星数据传输场景的信道情况汇集了卫星通信和地面移动通信的不利方面,总结起来是三点:频率选择性衰落、信道变化快、传输延时大。第一点会增加信道状况的测量复杂度,而后两点则会导致信道反馈过期。这些都为 AMC 在卫星数据传输场景的应用带来了很大挑战。

　　但另一方面,卫星数据传输场景的信道变化具有较强的可预测性,因此可充分利用这个特性来进行信道预测,从而缓解信道反馈过期的问题。

5.2　卫星数据传输 AMC 总体设计

　　基于以上分析,卫星数据传输应用中 AMC 方案的基本结构如图 5-1 所示。下行数据传输中包含导频序列,接收端一方面根据导频序列做信道估计,用于信道均衡,另一方面根据信道估计进行信道信号与干扰噪声功率比(signal to interference and noise ratio, SINR)估计。卫星及地面终端都存有一个最佳调制编码表,每种调制编码组合都有一个索引值(modulation coding index, MCI)。在地面终端中,每种调制编码组合还对应一个 SINR 门限,因

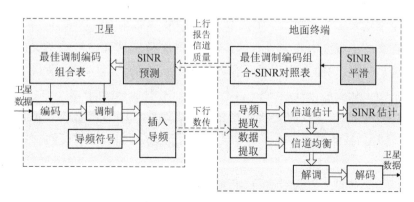

图 5-1　卫星数据传输中的 AMC 方案的基本结构

此可根据当前估计的 SINR 选择速率最高的传输方式,而卫星则基于地面终端反馈的 MCI 选择最佳的下行数传调制编码组合。

基于以上结构,卫星数据传输中的自适应调制编码步骤如下:

（1）卫星下行发送导频序列;

（2）地面终端根据导频序列估计 SINR,并通过平滑处理降低噪声干扰对 SINR 估计影响,提高估计精度;

（3）地面终端根据 SINR 从调制编码表中选择最佳调制编码方式;

（4）地面终端在反向链路中反馈最佳调制编码方式所对应的索引值;

（5）卫星结合当前索引值所指示的 SINR 值及之前所有的 SINR 估计值,估计下一个发送帧时刻的信道状况;

（6）卫星根据预测的信道状况选择最佳的调制编码组合进行下行数据的传输。

以上步骤中最重要的两步为地面终端的 SINR 估计与平滑和卫星的信道状态预测,这两步是自适应调制编码针对卫星数据传输应用场景进行改进的关键步骤。前者解决的是频率选择性衰落信道下的信道状态低效测量问题,后者解决的是大延时传输带来的信道反馈过期问题。

5.3 卫星数据传输的信道状态信息估计方法

5.3.1 基本思路

卫星数据传输中存在多径干扰,因此是典型的频率选择性衰落信道。为了降低终端的接收复杂度,最好采用基于 OFDM 的传输方式。OFDM 系统将整个传输频带分割为多个子载波,每个子载波都经历平衰落。通常,导频符号在所有子载波中均匀分布,接收机在导频位置估计出对应子载波的频率响应后,通过内插方法获得所有数据子载波上的信道响应。获得所有子载波的信道响应后,可以有以下几种自适应调制编码处理方法。

（1）完全自适应调制编码:整体进行编码后,每个子载波都根据各自的 SINR 选择最佳的调制方式,如 SINR 高的进行高阶调制、SINR 低的选择低阶调制。

（2）子带自适应调制编码:将所有子载波分成几个子带,每个子带包含若干相邻子载波,并在子带内使用相同的调制编码方式。

（3）整体自适应调制编码：根据所有子载波的整体信道情况,确定一种调制编码方法,仅在不同传输块之间进行自适应变化。

基于大量研究和仿真验证,在实际的系统假设和评估模型下,完全自适应调制编码及子带自适应调制编码并不会比统一的自适应调制编码带来明显的容量增益,但是会大大增加系统实现复杂度。因此,包括 LTE 在内的很多商用系统都最终确定统一的自适应调制编码技术。

采用统一的自适应调制编码需要解决的关键问题是:如何根据所有子载波的信道响应确定一个 SINR 值,从而据此选择最优的调制和编码方案。从多个子载波 SINR 估计值[SINR(1), SINR(2), …, SINR(m)]综合成一个有效 SINR 值($SINR_{eff}$)的过程被表示为"压缩函数"。$SINR_{eff}$ 可视为 AWGN 信道下的等效 SINR。在这个等效 SINR 条件下,不同的调制编码方案都对应一个 AWGN 信道下的 BER 或者 BLER(block error rate),因此可以以此为依据选择当前 SINR 条件下的最佳调制编码方案。这个过程如图 5－2 所示。得到的 SNR－BER 曲线可以用于频率选择性衰落信道下 AMC 的选择依据。

图 5－2　基于多载波信道测量的 SINR 综合及质量映射

5.3.2　有效 SINR 的生成方法

1. 指数有效 SINR 映射(EESM)方法

从多个子载波估计到有效 SINR($SINR_{eff}$)的生成可表示为如下映射:

$$SINR_{eff} = I^{-1}\left[\frac{1}{M} \sum_{m=1}^{M} I(SINR_m) \right] \qquad (5-1)$$

其中,$I(x)$ 为压缩函数;$I^{-1}(x)$ 为 $I(x)$ 的反函数 M 为用户使用的子载波数目。

目前常用的映射方法有指数有效 SINR 映射(EESM)和互信息有效 SINR 映射(MIESM)。两种方法的主要不同在于"压缩函数"的选择,其中 EESM 方法应用最为广泛。

EESM 方法采用的压缩函数为

$$I(x) = \exp\left(-\frac{x}{\beta} \right) \qquad (5-2)$$

其反函数为

$$I^{-1}(x) = -\beta \ln(x) \qquad (5-3)$$

这样,EESM 方法的映射函数可表示为

$$\text{SINR}_{\text{eff}} = -\beta \ln\left[\frac{1}{M}\sum_{m=1}^{M}\exp\left(-\frac{\text{SINR}_m}{\beta}\right)\right] \qquad (5-4)$$

其中,M 为用户使用的子载波数目;SINR_m 表示第 m 个子载波的信号与干扰加噪声的功率比;β 是尺度因子,用作匹配调节,其取值取决于具体调制编码方式的选择,需通过仿真验证确定。

2. 平均有效 SINR 映射(AESM)方法

EESM 方法的一个缺点是尺度因子 β 需要根据不同的调制编码进行优化,这个过程比较繁琐,一种更简便的方法是平均有效 SINR 映射(AESM),即

$$\text{SINR}_{\text{eff}} = \frac{1}{M}\sum_{m=1}^{M}\text{SINR}_m \qquad (5-5)$$

通过数学推导证明,AESM 的性能不会比 EESM 差。因此,综合考虑 SNR 估计性能应用复杂度,本书采用平均有效 SINR 映射方法。

5.3.3　SINR 平滑方法

由于卫星运行轨迹及过境过程的连续性,地面终端在相邻时刻估计的 SINR 具有很强的相关性。因此,为了进一步提高 SINR 估计的稳定度,还可以在时域进行平均。基本方法就是对基于不同卫星数据接收估计的 SINR 进行平滑滤波,可以选择滑动平均滤波器,也可以使用一阶滤波器:

$$\text{SINR}'(n) = \alpha \cdot \text{SINR}'(n-1) + \beta \cdot \text{SINR}_{\text{eff}}(n) \qquad (5-6)$$

其中,$\text{SINR}'(n)$ 是本次最终反馈的有效 SINR 信道信息;$\text{SINR}'(n-1)$ 是上次反馈的有效 SINR 信道信息;$\text{SINR}_{\text{eff}}(n)$ 是本次测量的有效 SINR;最佳平滑系数 α 和 β 可通过仿真验证确定。

5.3.4　SINR 预测方法

1. 预测方法的选取

卫星基于上行有效 SINR 上报信息,预测下一时刻的有效 SINR,从而较准确地选择最适合的调制编码方式,提高信道利用率。这样做的前提是卫

星的运行轨迹较为规律,相邻传输块时间内的信道衰落相关性较强。

一般来说,低轨卫星数据传输的信道可以表示为

$$h = h_{\text{LOS}} + h_{\text{NLOS}}$$

其中,h_{LOS} 表示直射分量;h_{NLOS} 表示非直射分量。直射分量主要受阴影衰落影响,一般服从对数正态分布;非直射分量主要受多径影响,一般服从瑞利分布。由于有效 SINR 的测量平均了多个子载波的 SINR,减小了非直射径衰落对有效 SINR 的影响,因此有效 SINR 主要受阴影衰落的影响。而阴影衰落与遮挡物直接相关,对于卫星数据传输应用场景来说,阴影衰落的时间相关性较强,因此可以使用卡尔曼滤波的方法,兼顾预测准确性和快速跟踪。

2. 基于卡尔曼滤波的有效 SINR 预测

在卫星数据传输场景中,若令终端在接收第 k 帧数据后反馈至卫星的有效 SINR 值为 $X(k)$,则卫星基于当前反馈有效 SINR 估计出的下一帧期间的有效 SINR 即为 $\hat{X}(k+1 \mid k)$。最终,卫星将根据 $\hat{X}(k+1 \mid k)$ 来确定下一帧传输所采用的调制编码方式。

基于以上对应关系,卫星数据传输场景中的有效 SINR 预测可建模为两个标量方程:

$$X(k+1) = X(k) + U(k) + w(k) \tag{5-7}$$

$$Z(k) = X(k) + v(k) \tag{5-8}$$

$X(k+1)$ 为下一时刻 SINR 的预测公式,除了当前时刻的有效 SINR 外,还有一个修正值 $U(k)$,而最终的预测误差体现在 $w(k)$ 中。$Z(k)$ 即为实际反馈的当前时刻有效 SINR 值,其与当前时刻的真实有效 SINR 的误差体现在 $v(k)$ 中。此时,基于卡尔曼滤波的有效 SINR 预测过程可由以下五个公式表示:

$$\hat{X}(k \mid k) = \hat{X}(k \mid k-1) + K_{\text{g}}(k)\big[Z(k) - \hat{X}(k \mid k-1)\big] \tag{5-9}$$

$$\hat{X}(k+1 \mid k) = \hat{X}(k \mid k) \tag{5-10}$$

$$K_{\text{g}}(k) = \frac{P(k \mid k-1)}{P(k \mid k-1) + R} \tag{5-11}$$

$$P(k \mid k-1) = P(k-1 \mid k-1) + Q \tag{5-12}$$

$$P(k \mid k) = \big[1 - K_{\text{g}}(k)\big]P(k \mid k-1) \tag{5-13}$$

其中,$\hat{X}(k|k)$ 是 k 时刻的最优结果;$\hat{X}(k|k-1)$ 是利用上一时刻状态预测的结果;$K_g(k)$ 为卡尔曼增益;$P(k|k)$ 为 k 时刻状态估计误差的相关矩阵;Q、R 分别为过程噪声和观测噪声的相关矩阵。

修正量 $U(k)$ 主要包括传输损耗 $\Delta L(k)$ 和阴影衰落 $\Delta S(k)$ 两个部分:

$$U(k) = \Delta L(k) + \Delta S(k) \tag{5-14}$$

1)传输损耗 $\Delta L(k)$

卫星过境过程中,卫星与终端间的传输距离会发生变化,从而直接改变终端接收信噪比的变化。而由于卫星的运行轨道是预先知道的,因此传输距离变化可以精确计算。

图 5-3 显示的是地面终端与卫星的位置关系。若设轨道高度为 h、地球半径为 R_e、当时终端仰角为 e,则此时的中心角可由式(5-15)计算

$$\gamma = \arccos\left(\frac{R_e}{R_e + h} \cdot \cos e\right) - e \tag{5-15}$$

从而此时(k 时刻)的传输距离可计算为

$$s_k = \sqrt{R_e^2 + (R_e + h)^2 - 2 \cdot R_e \cdot (R_e + h) \cdot \cos \gamma} \tag{5-16}$$

若遥感传输下一次改变调制编码方式的时刻在 ΔT 时刻之后,而卫星的角速度为 r,则中心角的变化为 $\Delta \gamma = r \cdot \Delta T$,从而下一次($k+1$ 时刻)的传输距离为

$$s_{k+1} = \sqrt{R_e^2 + (R_e + h)^2 - 2 \cdot R_e \cdot (R_e + h) \cdot \cos(\gamma + r \cdot \Delta T)} \tag{5-17}$$

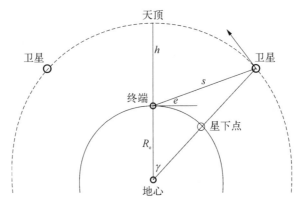

图 5-3 终端、卫星和地球的几何关系

根据自由空间传输损耗公式

$$[L_p] = 20 \lg\left(\frac{4\pi d}{\lambda}\right) \qquad (5-18)$$

则 $k+1$ 时刻相对于 k 时刻的信号衰减量,即需要补偿的传输损耗为

$$\Delta L(k) = 20 \lg\left(\frac{s_{k+1}}{s_k}\right) \text{dB} \qquad (5-19)$$

2) 阴影衰落修正 $\Delta S(k)$

卫星沿轨道运动一段时间后,终端仰角随之发生变化,从而使阴影衰落发生变化。这一部分的变化也是有规律可循的。

经过大量的文献调研发现,卫星移动通信中的阴影衰落通常被建模成 log-normal 分布,即阴影衰落的 dB 值符合高斯分布,可设其均值为 $\alpha(\text{dB})$,方差为 $\Psi(\text{dB})$。而这两个参数均与所处的环境和仰角有关。各国研究人员通过仿真和模拟实验验证了对这种建模方法的合理性。这里将不同场景下、不同仰角下的阴影衰落均值和方差总结在表 5-2 中。这些值主要是在 L 波段下测量得到的,若应用到 S 波段需要一定修正。

表 5-2　阴影衰落在不同场景、不同仰角下的均值和方差

仰角/(°)	LOS(开阔地带)		中度阴影		重度阴影	
	α/dB	Ψ/dB	α/dB	Ψ/dB	α/dB	Ψ/dB
10	−0.4	1.76	−10.9	3.78	−21.04	6.56
20	0.6	1.5	−15.3	7	−29.9	8.7
30	0.45	1.9	−11.7	4.8	−23.8	9.9
40	−0.1	1.7	—	—	—	—
50	0.2	2.1	−4.2	1.95	−6.5	1.87
60	−0.2	1.8	−3.9	1.9	−6.6	1.0
70	−0.5	1.8	−4.24	1.8		

从表 5-2 中可发现,开阔地带的阴影衰落很小,且随仰角变化没有明显的规律;对于中度和重度阴影衰落场景来说,10°~20°时,阴影衰落随仰角变大而变大(均值和方差都变大);20°~70°时,阴影衰落随仰角变大而变小(均值和方差都变小)。这个趋势是符合实际情况的,以阴影遮挡为例,如图 5-4 所示,当仰角较小时,来波高度低于遮挡物高度,因此仰角的增大会使电波穿过遮挡物的路程变长,从而加大了阴影衰落;当仰角继续增大,使得来波高度超过了遮挡物高度后,仰角的增大会使电波穿过遮挡物的路程变短,从

而阴影衰落也减小了。

　　基于这些较可靠的测量,卫星数传对于阴影衰落的补偿就可以根据目前所处的场景和当前仰角情况进行估计。例如,若目前正处于中度阴影衰落环境,卫星上一次传输时的仰角为20°,而下一次传输点的仰角为30°,则补偿阴影衰落部分可取 $\Delta S(k) = 3.6\ \text{dB}$。

　　以上补偿方法只适用于中度阴影和重度阴影的场景。对于开阔场景而言,由于没有明显的规律可遵循,因此可以不对阴影衰落进行补偿。

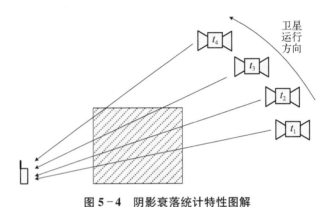

图 5 - 4　阴影衰落统计特性图解

5.3.5　仿真分析

1. 星地链路基本参数设置

　　星地链路基本参数如表 5 - 3 所示。地面终端天线指向始终跟踪卫星方位(接收增益为固定值),并从仰角 7°开始接收数据,直至仰角-7°停止接收数据。假设卫星运行轨迹经过终端正上方,即最大仰角为90°。整个过境过程可由图 5 - 5 简单表示。

表 5 - 3　星地通信系统主要参数

参　　数	取　　值
轨道高度 h/km	400
载波频率 f/GHz	1.6
EIRP /dBW	31
终端品质因数 G_r /dB	3
终端等效噪声温度 T/K	290
带宽 B/kHz	500
链路余量 L_m /dB	3.5

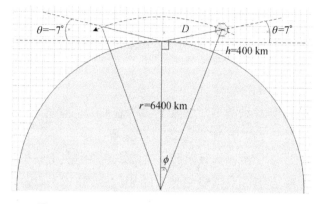

图 5-5 卫星过境时段内与地面终端的几何关系

2. 链路传输损耗建模

1）自由空间传播损耗过程建模

星地链路传输损耗的计算公式为

$$L_p = 20 \lg\left(\frac{4\pi D}{\lambda}\right) \text{ dB} \tag{5-20}$$

其中，λ 为波长；D 为传输距离，在不同仰角条件下，星地传输距离的计算可根据图 5-5 所示的几何关系计算为

$$D = \sqrt{(r\sin\theta)^2 + 2rh + h^2} - r\sin\theta \tag{5-21}$$

基于以上二式及表 5-3 所示的系统参数，可画出如图 5-6 所示的自由

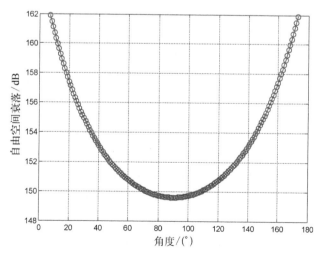

图 5-6 卫星过境期间的自由空间传输损耗变化

空间传输衰减变化。从图中可见,最小仰角 7°时自由空间传输衰减为 162 dB,而处于正上方时(仰角为 90°),衰减约为 149 dB,整个过程的传输衰减跨度约为 13 dB。

2)阴影衰落变化过程建模

根据表 5-2 所总结的不同场景下阴影衰落的测量值,可以通过内插和外插得到卫星整个过程中的阴影衰落变化过程。

图 5-7 展示了中度阴影衰落和重度阴影衰落情况下的平均阴影衰落值随仰角的变化过程,其中 0 代表相对于自由空间衰落没有衰落,而负值越大,说明衰落越深。从中可以看到,中度和重度场景的阴影衰落随仰角的变化趋势基本一致:

(1)仰角角度为 10°~20°时,阴影衰落更加严重;

(2)仰角角度为 20°~50°时,阴影衰落逐渐减轻;

(3)仰角角度为 50°~130°时,仰角比较大,阴影衰落变化幅度较小;

(4)仰角角度大于 130°则与 10°~50°的过程相反。

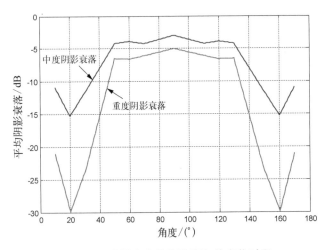

图 5-7 阴影衰落均值随仰角的变化过程

另外,对比中度和重度阴影衰落可以发现以下规律:

(1)中度平均阴影衰落程度小于重度衰落;

(2)中度阴影衰落平均值的变化范围(12 dB)远小于重度阴影衰落(25 dB);

(3)重度阴影衰落随仰角的变化速度比中度阴影衰落快,对仰角变化很敏感;

（4）仰角角度为 50°～130°（仰角比较大）时,中度与重度阴影衰落的差距较小（小于 3 dB）。

图 5－8 展示了中度阴影衰落和重度阴影衰落情况下的衰落方差值随仰角的变化过程。从中可以看到,中度和重度场景的阴影衰落方差随仰角的变化趋势基本一致:

（1）仰角角度为 10°～20°时,阴影衰落变化范围变大;

（2）仰角角度为 20°～50°时,阴影衰落变化范围逐渐变小;

（3）仰角角度为 50°～130°时,仰角比较大,阴影衰落方差基本保持稳定;

（4）仰角角度大于 130°则与 10°～50°的过程相反。

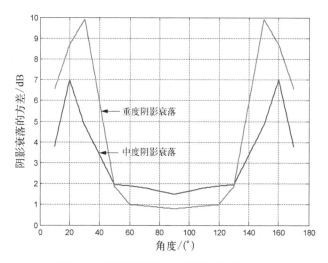

图 5－8　阴影衰落的方差随仰角的变化过程

而比较中度阴影衰落和重度阴影衰落场景的阴影衰落方差可以发现,除了中度阴影衰落的变化区间小以外,一个重要的不同是,在高仰角区间,重度衰落场景的方差小于中度衰落场景。这可以解释为:重度阴影衰落场景下,当仰角较高时,地面终端头顶始终有较稳定的遮挡物;而对于中度阴影衰落场景来说,由于遮挡物较稀少,因此卫星过境时,遮挡物时有时无,从而使衰落方差变大。

3）总传输损耗的建模

综合自由空间损耗及阴影衰落随仰角的变化,可以得到总的传输损耗随仰角的变化,如图 5－9 和图 5－10 所示,分别对应中度阴影衰落和重度阴影衰落的情况。

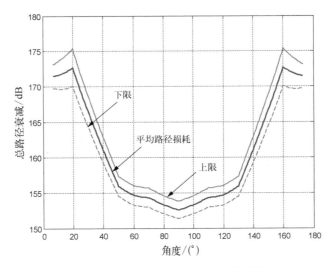

图 5-9 中度阴影衰落情况下的总传输损耗

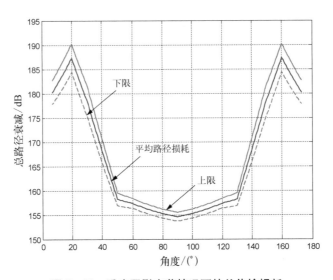

图 5-10 重度阴影衰落情况下的总传输损耗

从图 5-9 可以看出,中度阴影衰落环境下,总的传输损耗最大为 173 dB 左右,最小为 153 dB 左右,跨度达 20 dB,且上下有小于 3 dB 的变化范围。从图 5-10 可以看出,重度阴影衰落环境下,总的传输损耗最大为 187 dB 左右,最小为 155 dB 左右,跨度达 32 dB,且上下有小于 3 dB 的变化范围。

3. 地面终端接收信噪比计算

终端接收信噪比的计算方法为

$$SNR = EIRP - L_p - L_m + G/T - K - B \qquad (5-22)$$

仰角为−7°~7°时,以 1°为间隔,根据图 5−9、图 5−10 的结果,可得到如图 5−11 所示的 SNR 随仰角变化的结果。其中,横虚线表明了不同传输方案对应的解码门限,其传输效率在表 5−4 中列出。需要说明的是,之前编码调制方案一共列出了 10 个解码门限,对应 10 种传输方式。但是考虑到门限判决冗余及系统复杂度,这里删除了其中的 3 种选择,删除门限及理由在表 5−5 列出。最终,相邻解码门限间都有 2 dB 及以上的间隔,从而有利于调制编码方式的切换判决,且相邻传输方案的频谱效率差别都在 0.3 bps 以上,从而使每一次传输方案的切换都能够带来明显的性能提升。

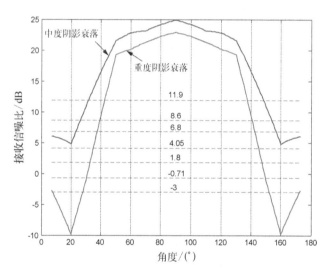

图 5−11 不同仰角时的接收 SNR 与解码门限

表 5−4 传输方案的解码门限及传输效率

SNR 区间/dB	最佳传输方案(调制+码率)	传输效率/bps
−3.07~−0.71	BPSK+1/3	1/3
−0.71~1.8	QPSK+1/3	2/3
1.8~4.05	QPSK+1/2	1
4.05~6.8	16QAM+1/3	4/3
6.8~8.6	16QAM+1/2	2
8.6~11.9	16QAM+3/5	2.4
> 11.9	16QAM+4/5	3.2

表 5-5 删除的解码门限及理由

删除门限/dB	传输方案(调制+码率)	删 除 理 由
−0.56	BPSK+1/2	与−0.71 dB 门限很近,不利于门限切换的实际操作
3.09	QPSK+3/5	与 4.05 dB 门限接近,效率提升较小
4.86	8PSK+1/2	与 4.05 dB 门限接近,效率提升小,减少调制方式

从图 5-11 中可以看出,在中度阴影衰落场景下,现有传输方案可以支持最低仰角的传输;而在重度阴影衰落场景下,仰角为 7°~29° 是无法进行通信的。下面分别分析两种场景下,采用自适应调制编码方案相对于单一调制编码方式的系统容量提升情况。

需要说明的是,这里的 SNR 计算使用了总传输损耗的平均值,实际情况下有可能在这个基础上有小于 3 dB 的恶化。而计算过程中补充了 3.5 dB 的余量(L_m),因此可以弥补这部分恶化。

4. 传输性能分析

1) 中度阴影衰落条件下

根据系统参数,终端接收数据的最小仰角为 7°,其对应卫星轨迹的最大中心角度可由公式(5-15)计算为 14°。据此,整个通信过程中卫星扫过的中心角区间为 −14°~14°。若假设卫星扫过 1° 中心角的时间为 T,则卫星过境总持续时间可表示为 28T。为满足最小仰角情况下的传输,若采用单一传输体制,则应选择 4.05 dB 对应的 16QAM+1/3 方案,此时传输效率为 4/3 bps。因此,对于带宽 B 而言,卫星过境期间的传输容量可计算为 4/3×28T×B = 37.33 TB。

若采用自适应调制编码,则在 4.05 dB 的门限以上,可有 4 种传输方案可以选择,由表 5-6 所示。根据每种传输方案的中心角区间,可计算出该种传输方案的持续时间,及这段时间的传输容量。最终,将所有传输方案的容量相加,得到总传输容量为 50.13 TB,相对于单一传输方案的容量提升为 34%。

表 5-6 中度阴影衰落情况下的传输方案选择

仰角区间/(°)	中心角区间/(°)	传输方案(调制+码率)	传输效率/bps	持续时间/T	容量/TB
[7~24)+[−7~−24)	2×[14~7]	16QAM+1/3	4/3	14	9.33
[24~27)+[−24~−27)	2×[7~6]	16QAM+1/2	2	2	4
[27~32)+[−27~−32)	2×[6~5]	16QAM+3/5	2.4	2	4.8
[32~148)	2×[5~0]	16QAM+4/5	3.2	10	32
总 计					50.13

2）重度阴影衰落条件下

在重度阴影衰落场景下，仰角可通信区间为 29°~-29°，对应中心角为 5.6°~-5.6°，持续时间为 11.2T。在最低仰角情况下，采用 BPSK+1/3 传输方案，传输效率为 1/3 bps，因此整个通信周期的容量可计算为 1/3×11.2T×B＝3.73 TB。

若采用自适应调制编码，所有 7 种传输方案可以选择，由表 5－6 所示。根据每种传输方案的中心角区间，可计算出该种传输方案的持续时间，及这段时间的传输容量。最终，将所有传输方案的容量相加，得到总传输容量为 27.43 TB，相对于单一传输方案的容量提升 6.35 倍。

需要注意的是，表 5－7 中大多传输方案的传输时间较短。实际上，按照 400 km 的轨道高度，可以算出卫星的轨道周期为 5 580 s，因此扫过 1°中心角的时间约为 15 s。这样，除最高速率方案以外，其他方案的传输时间在 6~15 s，这可能导致切换过于频繁。另一方面，自适应调制编码的增益实际上主要来自高仰角情况下的最高速率传输方案。为了尽可能简化切换频度，并保持大部分容量增益，可以将重度阴影衰落情况下的自适应调制编码简化为单一门限判决方式，即小于 11.9 dB 时使用 BPSK+1/3 方案、大于 11.9 dB 时使用 16QAM+4/5 方案。如表 5－8 所示，这种简化方案的容量为 23.23 TB，仍较单一传输方式提升 5.23 倍。

表 5－7　重度阴影衰落情况下的传输方案选择

仰角区间/（°）	中心角区间/（°）	传输方案（调制+码率）	传输效率/bps	持续时间/T	容量/TB
[29~31)+[-29~-31)	2×[5.6~5.2]	BPSK+1/3	1/3	0.8	0.27
[31~33)+[-31~-33)	2×[5.2~4.9]	QPSK+1/3	2/3	0.6	0.4
[33~36)+[-33~-36)	2×[4.9~4.4]	QPSK+1/2	1	1	1
[36~38)+[-36~-38)	2×[4.4~4.1]	16QAM+1/3	4/3	0.6	0.8
[38~40)+[-38~-40)	2×[4.1~3.9]	16QAM+1/2	2	0.4	0.8
[40~44)+[-40~-44)	2×[3.9~3.4]	16QAM+3/5	2.4	1	2.4
[44~136]	2×[3.4~0]	16QAM+4/5	3.2	6.8	21.76
总　　计					27.43

表 5－8　重度阴影衰落情况下的简化传输方案选择

仰角区间/（°）	中心角区间/（°）	传输方案（调制+码率）	传输效率/bps	持续时间/T	容量/TB
[29~44)+[-29~-44)	2×[5.6~3.4]	BPSK+1/3	1/3	4.4	1.47
[44~136]	2×[3.4~0]	16QAM+4/5	3.2	6.8	21.76
总　　计					23.23

需要说明的时,根据目前表 5-3 所列的系统参数,重度阴影衰落场景中不能对低仰角进行通信支持。若要保持低仰角通信,需要增强星上 EIRP 或者提升地面 G/T 值,使总的信噪比至少提高 7 dB。

5. 不同带宽条件下的自适应调制编码带来的容量提升

当带宽从 500 kHz 提升到 1 MHz 及 4 MHz 后,系统噪声功率变大,导致接收 SNR 降低,结果如图 5-12 所示(以中度阴影衰落为例)。根据图 5-12,1 MHz 带宽及 4 MHz 带宽情况下的传输方案选择如表 5-9 和表 5-10 所示。对于 1 MHz 带宽情况来说,单一传输方案将选择"QPSK+1/2",因此总的传输容量为 28 TB。因此,自适应传输方案的容量提升为(51-28)/28=82%。对于 4 MHz 带宽情况来说,单一传输方案将选择"BPSK+1/3",因此总的传输容量为 15 TB。因此,自适应传输方案的容量提升为(29-15)/15=93%。总之,对于更宽的带宽来说,自适应调制编码对于容量的容量提升将更加明显。

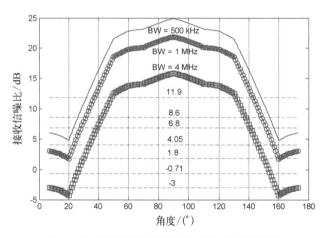

图 5-12　不同仰角时的接收 SNR 与解码门限

表 5-9　中度阴影衰落情况下的传输方案选择(1 MHz 带宽)

仰角区间/(°)	中心角区间/(°)	传输方案(调制+码率)	传输效率/bps	持续时间/T	容量/TB
[7~24)+[-7~-24)	2×[14~7]	QPSK+1/2	1	14	14
[24~28)+[-24~-28)	2×[7~6]	16QAM+1/3	4/3	2	2.67
[28~31)+[-28~-31)	2×[6~5]	16QAM+1/2	2	2	4
[31~38)+[-31~-38)	2×[5~4]	16QAM+3/5	2.4	2	4.8
[38~142]	2×[4~0]	16QAM+4/5	3.2	8	25.6
	总　计				51

表 5 - 10　中度阴影衰落情况下的传输方案选择

仰角区间/(°)	中心角区间/(°)	传输方案（调制+码率）	传输效率/bps	持续时间/T	容量/TB
[21~27)+[−21~−27)	2×[7.5~6)	BPSK+1/3	1/3	3	1
[27~30)+[−27~−30)	2×[6~5.5)	QPSK+1/3	2/3	1	0.67
[30~33)+[−30~−33)	2×[5.5~5)	QPSK+1/2	1	1	1
[33~40)+[−33~−40)	2×[5~4)	16QAM+1/3	4/3	2	2.67
[40~42)+[−40~−42)	2×[4~3.6)	16QAM+1/2	2	0.8	1.6
[42~48)+[−42~−48)	2×[3.6~3)	16QAM+3/5	2.4	1.2	2.88
[48~132]	2×[3~0)	16QAM+4/5	3.2	6	19.2
	总　　计				29

6. SNR 估计平滑处理的效果

一般来说,SNR 估计的精度与当前 SNR 的值成反比,即 SNR 越高,则 SNR 估计越精确;反之,误差越大。这里对卫星数传场景下的 SNR 估计进行了仿真,结果如图 5 - 13 所示(以中度阴影衰落为例),两条曲线分别为 SNR 真实值和估计值。从图中可以发现,中高仰角区间为[25°~145°]时,由于 SNR 比较大,因此 SNR 估计误差很小。而当仰角小于 25°或者大于 145°时, SNR 估计出现明显的误差。需要注意的是,尽管 SNR 估计不准确所处的仰角范围不大,但实际上对应的中心角范围较大。根据表 5 - 10 可知,仰角小于 25°或者大于 145°区间占到整个过境时间的一半。因此,这个区间内 SNR 估计误差大将严重影响传输方式的选择。

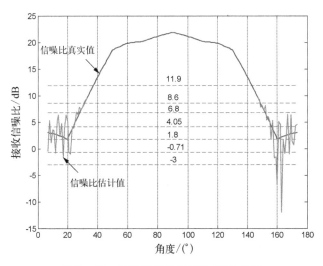

图 5 - 13　卫星数传场景下的 SNR 估计

　　为降低 SNR 估计误差对自适应传输的影响,需对所估计的 SNR 值进行平滑处理。图 5-14 和图 5-15 为平滑前后低仰角情况下的 SNR 估计值(左侧为平滑处理前,右侧为平滑处理后),平滑处理使用的是移动平均滤波器。通过对比可知,平滑处理大幅度地降低了 SNR 估计值的波动范围,大幅度提高了 SNR 估计精度。

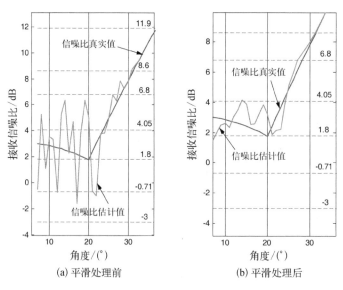

图 5-14　低仰角时 SNR 估计值平滑的效果(小于 25°)

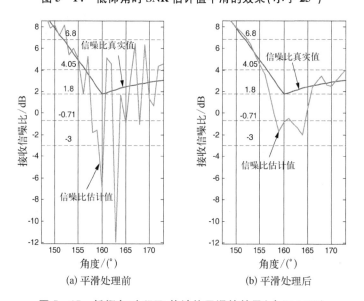

图 5-15　低仰角时 SNR 估计值平滑的效果(大于 145°)

7. 回滞与预测的效果

由图 5-14 和图 5-15 可知,虽然 SNR 估计平滑大幅度降低了 SNR 估计误差,但仍然在低信噪比的情况下会造成错误的传输方案选择。图 5-14 中,仰角为 14°时,实际的 SNR 应为 2.5 dB,处于 1.8 dB 和 4.05 dB 两个门限之间,应选择"QPSK+1/2"传输方式,但此时的 SNR 估计值刚好超过了 4.05 dB 的门限,将选择"16QAM+1/3"的传输方式。此时 SNR 值达不到门限,因此会发生误包。再如图 5-15 中,仰角为 164°时,实际的 SNR 应为 2.3 dB,处于 1.8 dB 和 4.05 dB 两个门限之间,应选择"QPSK+1/2"传输方式,但此时的 SNR 估计值仅为−2 dB 的门限,将选择"BPSK+1/3"的传输方式。虽然不会造成误包,但却使传输效率降低了 67%。

采用预测和回滞可以改善上所述问题,效果如图 5-16 和图 5-17 所示。

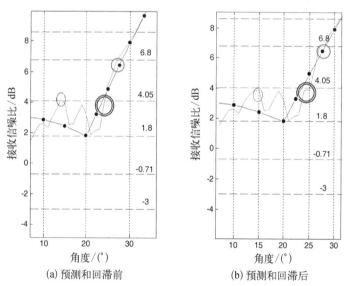

（a）预测和回滞前　　　　（b）预测和回滞后

图 5-16　低仰角时 SNR 预测与回滞的效果（小于 25°）

根据星载平台 SNR 预测,当仰角从 7°逐渐变大时,SNR 总体上应具有逐渐变大的趋势,且变化比较平稳。基于此,在仰角逐渐变大的过程中做出如下决策。

（1）在图 5-16(b)中,当仰角为 14°时,所反馈的 SNR 值刚好超过 4.05 dB 的门限。系统采用回滞策略,不马上将传输方案上调一个档次,而是暂时保持当前调制编码方式,并保留前一次反馈的 SNR 值,继续观察接下来的 SNR 反馈值。果然,后来的 SNR 反馈值并没有平稳增大,而是回落到原

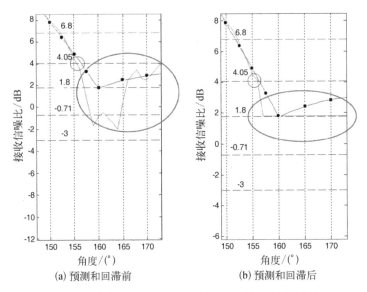

(a) 预测和回滞前   (b) 预测和回滞后

图 5-17　低仰角时 SNR 预测与回滞的效果(大于 145°)

来的 SNR 区间(1.8~4.05 dB)。

(2) 当仰角达到 24°后,SNR 反馈值再次超过 4.05 dB 门限,此时仍然首先采取保守的停滞策略(使用前一次的 SNR 估计),然后在连续几次 SNR 反馈值都超过 4.05 dB 门限时才使用新的 SNR 反馈值。

(3) 同样,当仰角达到 27°之后,SNR 反馈值超过 6.8 dB 门限,仍然首先采取保守的停滞策略,然后在连续几次 SNR 反馈值都超过 6.8 dB 门限时才使用新的 SNR 反馈值。

另一方面,当卫星仰角超过 90°后,随着仰角逐渐变大,预测模块将判断 SNR 总体上具有逐渐变小的趋势,且变化比较平稳。基于此,在卫星过境的末期过程中做出如下决策。

(1) 在图 5-17 中,当仰角为 155°时,所反馈的 SNR 值刚好低于 4.05 dB 的门限。系统采用回滞策略,不马上将传输方案下调一个档次,而是暂时保持当前调制编码方式,并保留前一次反馈的 SNR 值。此后,除了继续观察接下来的 SNR 反馈值,还要根据终端反馈的接收情况进行调整。如果接收端反馈为接收正确,说明此刻的保持策略是正确的。随后,SNR 反馈值持续降低,卫星在收到一次接收错误信息后,才将传输方案下调一级。

(2) 当仰角达到 157°之后,SNR 反馈值低于 1.8 dB 门限,此时仍然首先采取保守的停滞策略(使用前一次的 SNR 估计),然后持续关注后面的 SNR

反馈值及终端接收情况。此后,虽然 SNR 估计值持续降低,但是终端始终反馈接收正确,因此一直保持当前传输方案。

（3）当仰角达到 166°之后,SNR 反馈值超过 1.8 dB 门限,但是根据预测算法,此后的信道状况不会再有大的提升,因此没有再调高 SNR 估计值,始终保持当前传输策略。

基于如上分析可见,预测与回滞策略相结合,使系统不会盲目跟从 SNR 反馈值,从而使系统传输方式的变换更平稳,最大限度地保持了信道容量的提升。

5.4　本章小结

本章提出通过上行链路反馈回来的信噪比来预测下一时刻信道状态的思路,利用卡尔曼滤波算法预测下一帧数据的 SINR,尽可能使得到的信噪比结果更接近信道的真实状态,让传输方案与当前信道状态尽可能匹配。为防止传输方式频繁切换,在预测结果的基础上采用回滞策略,更好地保证数据传输的质量和整个数传过程的流畅。仿真结果显示,预测算法策略较好地解决了时延问题,预测回滞策略的应用提升了编码调制方式正确选择的概率,确保编码调制方式能够相对平稳准确的切换,为基于 AMC 的卫星数据高效传输提供可靠的信道状态信息。

第6章 卫星数据空间复用传输技术

6.1 设计思路

1. 传统传输方式

按传统卫星数据传输体制,卫星分时对地面各接收站进行数传。某一站点接收卫星数据时,同处于卫星波束覆盖范围内的其他站点或处于静默状态,或接收相同数据,未能充分利用各站点的电磁辐射能量提高整个系统的信息量,造成空间上的功率资源浪费,如图6-1(a)所示。最理想的传输策略是卫星将一个宽波束分解为多个极窄波束,精确指向多个站点,进行多路并发数传,避免宝贵的电磁功率投向非目标地点,从而达到链路功率资源的最大化利用,如图6-1(b)所示。然而,卫星平台却很难承载上述复杂、高性能的天线。

2. 基于空时编码的空间复用传输策略

本书借鉴多输入多输出(MIMO)传输的思想,提出一种基于空时编码的空间复用传输体制,星上只需配置少量普通数传天线,利用空时编码分离多用户信号,实现波束覆盖范围内多个用户终端同时接收多路数据,从而提高整个系统的数据吞吐量,如图6-1(c)所示。

星上采用多天线,天线类型采用常规星载数传天线即可,各天线波束覆盖同一区域,天线数量根据任务需求灵活配置。星上天线数量越多,系统通信容量越大,但复杂度越高。卫星先对多个用户的数据进行多用户调度,实现星上天线数量和用户数量之间的适配;再根据星地之间多条信道的实时信道状态信息(channel state information, CSI)进行空时编码,通过预均衡的方式在发送端对多用户之间的干扰进行预消除;最后,各路编码数据由多个小功放推送至各天线,完成数据发送,多路数据均分星上的总 EIRP 值。

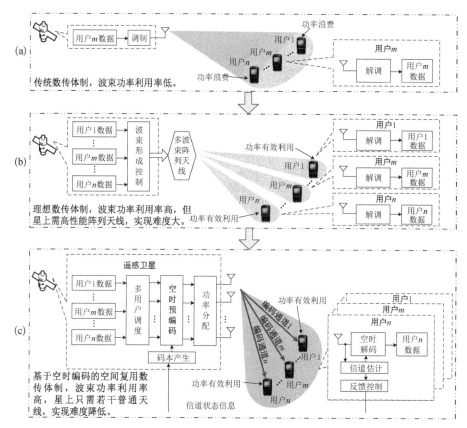

图 6‑1　基于编码的空间复用传输体制设计思路

　　用户终端采用单天线即可。处在波束覆盖范围内的多个手持终端同时接收下行信号,分别进行信道估计以获取各自的 CSI,据此生成解码矩阵,对接收信号进行空时解码,从而分离出各自的期望信息。另外,终端通过上行链路将 CSI 反馈至卫星,供其进行编码码本的制备。

3. 启示

　　基于编码的空间复用传输体制,实现了卫星对任务区域多个手持终端的同时、同频、同域并发多路数据传输,可显著提高全系统的通信容量。从卫星的角度看,下行波束在地面多个位置被多个手持终端接收,并解调出多路数据,相当于电磁辐射功率在地面多点分别得到利用,链路资源利用率得到了提升。从用户的角度看,多个手持终端同时接收,等效于多个小型天线组成一个大型的虚拟天线,从总体上提高了地面接收的 G/T 值。

6.2　空间复用在卫星数据传输中的适用性

　　MIMO 技术已经成为多种移动通信系统的关键技术,能综合空间分集和时间分集的优点,提供分集增益和编码增益。卫星通信系统可以利用 MIMO 技术的思想实现空间复用。采用空时编码的方式,即利用天线之间的不相关性,通过空时预编码将多个混叠的数据流分离开来,从而提高系统的传输速率,并减轻接收端复杂性。基于空时编码的多用户复用传输体制,实现了卫星对任务区域多个用户的同时、同频、同域数据传输,可显著提高全系统的通信容量。

　　由于卫星客观条件,天线之间的间距和天线的数量都受到限制,在模型中,引入交叉垂直极化天线,此时极化夹角最大。

　　图 6-2 给出了极化夹角和信道相关性系数的仿真图,图 6-3 给出了信道容量和信道相关系数的仿真图,可以看出,极化夹角越大,相关系数越小,对提高 MIMO 系统容量就会有显著的改善。

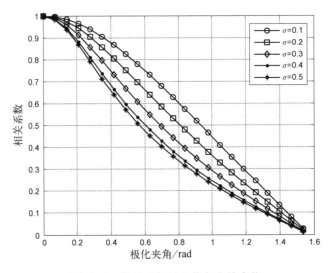

图 6-2　相关系数随极化角度的变化

　　同时,卫星角度偏移并不会明显增加接收信道间的相关性,因此不会对系统 BER 性能造成明显恶化。由此可知,手持终端在不可能始终保持与卫

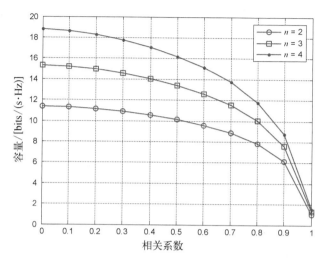

图 6-3　MIMO 系统信道容量随信道相关系数的变化

星天线的相对角度的时候,信道相关性对相对角度的不敏感可以保证用户终端在不同姿态下都能较好地接收下行信号,而不必特意调整姿态。由于垂直极化是卫星数据传输场景中最可行的 MIMO 传输方案,因此收发天线自然选择为 2。

　　本书根据用户数的不同,基于信道编码和信道预编码的思想,提出了空时分集复用的两种方案。

6.3　基于空间复用的单用户卫星数据传输

　　对于两个发送天线,一个接收用户的情况下,基于 Alamouti 空时分组码的思想,设计一种正交空时分组编码的传输方案,这种方案不需要提供信道的 CSI,而且能够提供全发射分集增益,发送流程图如图 6-4 所示。

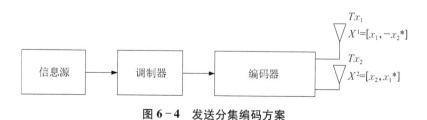

图 6-4　发送分集编码方案

将一组数据流进行调制,将每一次编码操作后取两个符号 x_1 和 x_2 作为一组,第一个天线在两个符号周期内的发送符号先后为 $[x_1, -x_2^*]$,而第二个天线在两个符号周期内的发送符号先后为 $[x_2, x_1^*]$。双天线卫星发送流程图如图 6-5 所示。

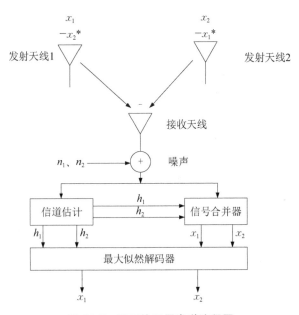

图 6-5　双天线卫星发送流程图

两个符号周期间隔非常短,假设两个天线到接收天线的信道参数 h_1 和 h_2 在两个符号周期内保持不变,即

$$h_1(t) = h_1(t + T) = h_1 = \mid h_1 \mid e^{jq_1} \tag{6-1}$$

$$h_2(t) = h_2(t + T) = h_2 = \mid h_2 \mid e^{jq_2} \tag{6-2}$$

其中,t 为第一个符号的发送时刻;$t+T$ 为第二个符号的发送时刻;θ_1 和 θ_2 为信道系数的相位;j 为复指数;$q1$、$q2$ 代表相位。地面上的单天线手持终端在两个符号周期内接收到的信号为

$$r_1 = h_1 x_1 + h_1 x_2 + n_1 \tag{6-3}$$

$$r_2 = -h_1 x_2^* + h_2 x_1^* + n_2 \tag{6-4}$$

其中,n_1 和 n_2 分别为两个时刻的噪声,服从独立同分布。在接收端,估计出两个信道系数 h_1 和 h_2,在手持终端上进行一个解码恢复过程。

$$\tilde{x}_1 = h_1^* r_1 + h_2 r_2^* \qquad (6-5)$$

$$\tilde{x}_2 = h_2^* r_1 - h_1 r_2^* \qquad (6-6)$$

可得到

$$\tilde{x}_1 = (\mid h_1 \mid^2 + \mid h_2 \mid^2)x_1 + h_1^* n_1 + h_2 n_2^* \qquad (6-7)$$

$$\tilde{x}_2 = (\mid h_1 \mid^2 + \mid h_2 \mid^2)x_2 - h_1^* n_2 + h_2 n_1^* \qquad (6-8)$$

在已知 h_1、h_2、n_1、n_2 的情况下,可以在终端上恢复原始信号 x_1、x_2。

用户终端上若安装两根接收天线,其信道参数定义如图 6-6 所示,第一个天线发送符号还是 $[x_1, -x_2^*]$,第二个天线在两个符号周期内的发送符号 $[x_2, x_1^*]$。

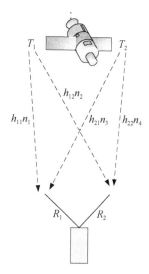

接收端有两根天线,得到的信道参数为

$$\begin{cases} h_{11}(t) = h_{11}(t+T) = h_{11} \\ h_{12}(t) = h_{12}(t+T) = h_{12} \\ h_{21}(t) = h_{21}(t+T) = h_{21} \\ h_{22}(t) = h_{22}(t+T) = h_{22} \end{cases} \qquad (6-9)$$

可以按同样的推导过程得到在 t 和 $t+T$ 时刻,天线 1 的接收信号为

图 6-6　单用户 2 发 2 收系统信道系统结构

$$\begin{cases} r_1(t) = (h_{11}x_1 + h_{11}n_1) + (h_{21}x_2 + h_{21}n_3) \\ r_1(t+T) = (-h_{11}x_2^* + h_{11}n_1) + (h_{21}x_1^* + h_{21}n_3) \end{cases} \qquad (6-10)$$

天线 2 的接收信号为

$$\begin{cases} r_2(t) = (h_{12}x_1 + h_{12}n_2) + (h_{22}x_2 + h_{22}n_3) \\ r_2(t+T) = (-h_{12}x_2^* + h_{12}n_2) + (h_{22}x_1^* + h_{22}n_4) \end{cases} \qquad (6-11)$$

在接收端,先将接收天线 1 在 t 和 $t+T$ 时刻上收到的数据进行最大合并比处理,同理再对天线 2 在 t 和 $t+T$ 时刻收到的数据进行处理。

$$\begin{cases} \tilde{x}_1 = h_{11}^* r_1(t) + h_{21} r_1^*(t+T) \\ \tilde{x}_2 = h_{21}^* r_1(t) - h_{11} r_1^*(t+T) \end{cases} \qquad (6-12)$$

$$\begin{cases} \tilde{x}_1 = h_{12}^* r_2(t) + h_{22} r_2^*(t+T) \\ \tilde{x}_2 = h_{22}^* r_2(t) - h_{12} r_2^*(t+T) \end{cases} \quad (6-13)$$

再将所得到的 $\tilde{x}_1$、$\tilde{x}_2$ 再次进行最大合并比解码,推导过程与上述 2 发 1 收的 MISO 系统相同,经过多次计算将得到更优化的结果。

对有进行空时编码的 SISO 系统和 2 发 1 收、2 发 2 收系统进行仿真比较,三种方式的 SNR-BER 性能如图 6-7 所示,可以看出,2 发 1 收相对于 1 发 1 收的分集增益接近 2(斜率接近 2 倍),而 2 发 2 收相对于 1 发 1 收的分集增益接近 4(斜率接近 4 倍)。而三种传输方式在 BER = 10^{-5} 情况下的解码门限分别约为 40 dB、28 dB 和 20 dB。换句话说,对于相同的接收机情况(接收噪声功率一致),相对于 1 发 1 收的情况,2 发 1 收和 2 发 2 收分别可以节省 12 dB 和 20 dB 的发射功率,从而使功率效率大大提升。

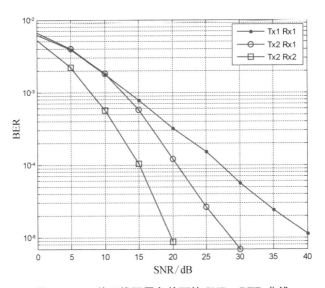

图 6-7　三种天线配置条件下的 SNR - BER 曲线

6.4　基于空间复用的多用户卫星数据传输

卫星过境时可能同时给多个用户终端同时传输数据。为了比较基于空分的多用户传输与一般单用户传输的性能差异,构造一个如图 6-8 所示的 MIMO - BC 系统。该系统中,卫星上设置两个交叉极化天线,地面可以同时给两个单天线用户传输数据,卫星将两个用户的数据流通过预编码后从两个天线发出,使每个用户只接受到自己的数据。

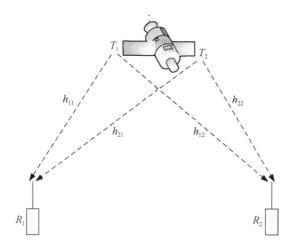

图 6-8　针对两用户的卫星通信 MIMO-BC 系统结构

考虑到用户终端不可以应付复杂的解码,选择迫零编码(zero-forcing)来对卫星发送端进行线性预编码。具体编码策略如下,其中 N 为符号个数。

首先产生两路 QPSK 调制符号流:

$$\begin{cases} \overline{X}_1 = [X_{11}, X_{12}, X_{13}, \cdots, X_{1(N-1)}, X_{1N}] \\ \overline{X}_2 = [X_{21}, X_{22}, X_{23}, \cdots, X_{2(N-1)}, X_{2N}] \end{cases} \tag{6-14}$$

假设四条发送信道在每个不同的发送符号时刻的信道参数:

$$\begin{cases} \overline{H}_{11} = [H_1^{11}, H_2^{11}, H_3^{11}, \cdots, H_{N-1}^{11}, H_N^{11}] \\ \overline{H}_{21} = [H_1^{21}, H_2^{21}, H_3^{21}, \cdots, H_{N-1}^{21}, H_N^{21}] \\ \overline{H}_{12} = [H_1^{12}, H_2^{12}, H_3^{12}, \cdots, H_{N-1}^{12}, H_N^{12}] \\ \overline{H}_{22} = [H_1^{22}, H_2^{22}, H_3^{22}, \cdots, H_{N-1}^{22}, H_N^{22}] \end{cases} \tag{6-15}$$

在第 i 个发送时刻,得到的信道矩阵为 $H_i = \begin{bmatrix} H_i^{11} & H_i^{21} \\ H_i^{12} & H_i^{22} \end{bmatrix}$,对 H_i 求伪逆并对列

向量归一化得到预编码矩阵 $H_i^p = \begin{bmatrix} \hbar'_{11} & \hbar'_{21} \\ \hbar'_{12} & \hbar'_{22} \end{bmatrix}$。对第 i 个时隙的两个天线上

发送的符号与伪逆矩阵相乘,得到预编码后的符号:

$$\overline{X}_i^p = H_i^p \overline{X}_i = \begin{bmatrix} \hbar_{11}' & \hbar_{21}' \\ \hbar_{12}' & \hbar_{22}' \end{bmatrix} \begin{bmatrix} X_{1i} \\ X_{2i} \end{bmatrix} = \begin{bmatrix} X_{1i}' \\ X_{2i}' \end{bmatrix} \tag{6-16}$$

最终得到发送符号序列为

$$\begin{cases} \overline{X}_1^p = [X_{11}', X_{12}', X_{13}', \cdots, X_{1(N-1)}', X_{1N}'] \\ \overline{X}_2^p = [X_{21}', X_{22}', X_{23}', \cdots, X_{2(N-1)}', X_{2N}'] \end{cases} \tag{6-17}$$

将符号在接下来的发送周期内依次发送,在接收端可以对信号直接进行 QPSK 解调,恢复出各自的比特流。

根据前文描述的 MIMO - BC 信道模型设置,在仿真中产生 1 000 帧的信道冲击响应,仿真上文提到的基于迫零编码的发送策略。另一方面,使用相同的信道冲击响应,仿真单一链路的 MIMO 系统性能(接收端具有理想信道估计,并采用频域信道均衡),并获得图 6 - 9 中的方形曲线。

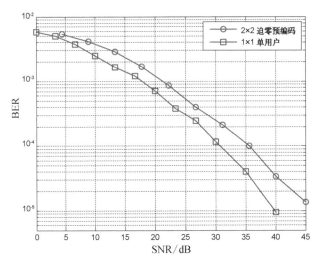

图 6 - 9 2 发 2 收系统与单发单收系统的性能比较

通过对比图 6 - 9 两条曲线可以发现,若达到 10^{-5} 的误码率,单收单发情况下的信噪比要比采用预编码的两用户并行发送的情况低 5 dB。换个角度说,若能够将信噪比从 40 dB 提升到 45 dB,就可以采用基于预编码的两用户并行发送方案,使总的信息传输速率达到原来的两倍,即传输效率从 2 bit/(s・Hz)(1 路 QPSK)提升到 4 bit/(s・Hz)(2 路 QPSK),提高了 2 bit/(s・Hz)。而从另一个方面看,如果将 SISO 链路的信噪比从 40 dB 提升到 45 dB 后,理论上传输效率提升可根据如下步骤得到:

$$SNR1 = 10^4 ; \ SNR2 = 10^{4.5} \qquad\qquad (6-18)$$

$$C_1 = \log_2(1+SNR1) = 13.29 \ \text{bit}/(\text{s} \cdot \text{Hz}) \qquad (6-19)$$

$$C_2 = \log_2(1+SNR2) = 14.95 \ \text{bit}/(\text{s} \cdot \text{Hz}) \qquad (6-20)$$

$$\Delta C = C_2 - C_1 = 1.66 \ \text{bit}/(\text{s} \cdot \text{Hz}) \qquad (6-21)$$

即在理想 AWGN 信道环境下,信噪比从 40 dB 提升到 45 dB 后,SISO 链路的传输效率可提高 1.66 bit/(s·Hz)。而在仿真所使用的复杂衰落条件下,这 5 dB 信噪比提升对 SISO 链路带来的频谱效率提升或许达不到 1.66 bit/(s·Hz)。另外,仿真中所使用的 Zero-forcing 预编码技术考虑了复杂度问题,其性能在所使用的信道模型下并不是最优的,还有进一步提升的空间(如使用 MMSE 或者 Dirty Paper 方法)。综合以上几点,可以说在当前信道情况下,2×2 MIMO 较 SISO 情况可带来 0.5~1 bit/(s·Hz)的频谱效率提升。

结论:基于 MIMO-BC 预编码理论,如果在卫星上使用更多的发射天线,则可以利用空分特性支持更多用户的同时信息传输,从而使系统总容量进一步增加。

6.5　AMC 与空间复用结合的高效传输技术

6.5.1　设计思路

为了最大限度地提高卫星数据传输效率,本书还研究了将基于 MIMO 技术的空间复用及自适应调制编码相结合的传输技术。

首先,空间复用技术主要是利用多个地面终端的空间隔离特性,使用卫星上的多个发射天线,同时对多个地面终端传输卫星数据,从而大幅度提高卫星数传系统的整体容量;其次,在卫星过境期间,由于仰角和传输距离的变化,地面终端的接收信噪比会发生较大的变化,而使用自适应调制编码则可以最大限度地利用接收信噪比的变化,在不同信噪比情况下选择最适合的调制阶数和编码效率,使单链路的传输效率最大化。

总之,通过空间复用形成多链路并传、通过自适应调制编码优化单链路传输效率,最终使卫星数传系统的整体传输效率大大提升。

下面分别从系统总体设计、空间复用实现方法和 AMC 实现方法三个方面进行详细介绍。

6.5.2 系统总体设计

结合 MIMO、OFDM 及 AMC 技术的多用户卫星数传系统的传输工作流程如图 6-10 所示。图中描述的是同时向四个地面终端发送卫星数据的情

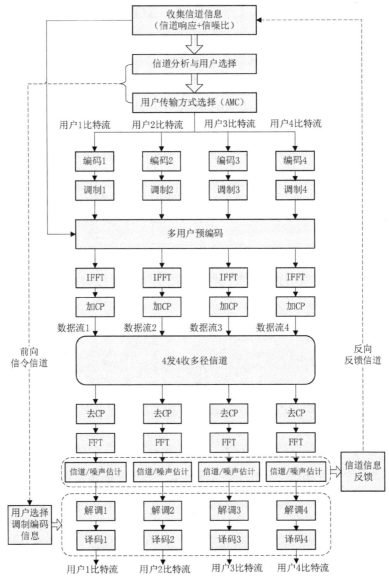

图 6-10　多用户卫星数据传输工作流程示意图

况,因此卫星上需配备两对垂直极化天线。实际系统中,需根据具体信道反馈情况,综合分析确定下行卫星数传针对的终端个数。目前设计的情况包括 1 个用户、2 个用户和 4 个用户三种情况。图 6-10 是针对 4 个用户的情况,对其他两种情况也适用。

1. 系统基本配置

所设计的卫星数传系统包含三类物理层逻辑信道:前向信令信道、反向反馈信道和前向业务信道。

(1) 前向信令信道(广播信道):一是用于广播基本导频信道,用于所有地面终端的信道测量;二是用于卫星平台向地面终端传输用户选择信息和每个用户的调制编码方案信息。

(2) 反向反馈信道:用于地面终端向卫星传输信道测量信息。

(3) 前向业务信道:用于卫星向选中的地面终端进行卫星数据的传输。

多个地面终端分布在不同区域,卫星在过境期间根据地面终端的信道反馈情况选择"最佳终端组"用于接收下传卫星数据。"最佳终端组"(可能包含 1 个、2 个或 4 个地面终端)将根据信道的变化动态更新,但在一个预设时间段保持稳定。针对"最佳终端组"内每个地面终端的信道情况设计最佳的调制编码方案,并在通信过程中进行动态更新。

2. 卫星数据发送流程

(1) 卫星一方面通过前向广播信道发送导频信号,另一方面通过反向反馈信道首先收集多个地面终端的信道反馈信息(包括信道响应和信噪比估计)。

(2) 经过信道分析选择"组合信道状况"最好的 1 个、2 个或 4 个地面终端作为下传数据对象(被选中的用户将通过前向信令信道得到通知)。

(3) 选中对象后,每个地面终端对应的 SINR 估计选择最佳调制编码方式(包括编码码率和调制阶数,将通过前向信令信道告知对应地面终端)。

(4) 根据每个地面终端所选定的调制编码方式,将针对每个地面终端的比特流分别进行调制编码。

(5) 当终端个数为 2 个或 4 个时,对多个数据流进行预编码。

(6) 1 个、2 个或 4 个数据流分别经过 IFFT 和加 CP 操作后,形成最终 1 路、2 路或 4 路基带信号,并在前向业务信道中发送。

3. 地面终端接收流程

(1) 所有待选择地面终端都应接收下行广播信道,首先进行去 CP 和

FFT 操作,变换到频域。

（2）所有待选择地面终端在频域进行信道估计和信噪比估计,并通过上行反馈信道将这些信息反馈给卫星。

（3）被选择的地面终端将通过前向信令信道收到选中通知及调制编码方式的选择信息。

（4）被选择的地面终端转向前向业务信道,首先进行去 CP 和 FFT 操作,变换到频域。

（5）每个被选择的地面终端根据所指定调制编码方式进行解调和解码,最终恢复出针对自己的信息比特流。

可见,地面终端的接收流程与所选择的地面终端个数无关,即地面终端不用关心当前是否有多个用户同时接收数据。

6.5.3　空间复用实现方法

1. 信号建模

卫星发送天线数为 M,地面接收用户数为 K,每个用户只有一个接收天线,则 K 个用户的接收信号可表示为

$$y_k = \sum_{m=1}^{M} h_{k,m} x_m + n_k \qquad (6-22)$$

其中, x_m 是星上第 m 个天线发出的信号; $h_{k,m}$ 是星上第 m 个天线到第 k 个用户的信道衰落(可用 $\boldsymbol{h}_k = [h_{k,1}, h_{k,2}, \cdots, h_{k,M}]$ 表示 M 个发射天线与第 k 个用户间的信道向量); n_k 是第 k 个用户的噪声。

向量形式表示为

$$\boldsymbol{y} = \boldsymbol{H}\boldsymbol{x} + \boldsymbol{n} \qquad (6-23)$$

其中, $\boldsymbol{y} = [y_1, y_2, \cdots, y_K]^{\mathrm{T}}$; $\boldsymbol{x} = [x_1, x_2, \cdots, x_M]^{\mathrm{T}}$; $\boldsymbol{n} = [n_1, n_2, \cdots, n_K]^{\mathrm{T}}$; $\boldsymbol{H}$ 是一个 $K \times M$ 的矩阵,其第 k 行、第 m 列的值为 $h_{k,m}$。 噪声 $\boldsymbol{n}$ 的功率特征可表示为 $E[\boldsymbol{n}\boldsymbol{n}^*] = \sigma^2 \boldsymbol{I}$,而发送信号的功率归一化为 $E\|\boldsymbol{x}\|^2 = 1$,因此可定义发送信噪比为 $\rho = 1/\sigma^2$。

2. 空间复用传输模型

基于线性预编码将每个用户的发送数据映射到所有发射天线上,这个过程可表示为

$$x = \sum_{k=1}^{K} \boldsymbol{w}_k s_k \qquad (6-24)$$

其中，s_k 是预编码前的用户 k 的数据；$\boldsymbol{w}_k$ 是 $M×1$ 的归一化预编码向量。

经过这样的预编码之后，第 k 个用户的接收"信干噪比"可表示为

$$\mathrm{SINR}_k = \frac{p_k \mid \boldsymbol{h}_k^H \boldsymbol{w}_k \mid^2}{\sum_{i \neq k}^{K} p_i \mid \boldsymbol{h}_i^H \boldsymbol{w}_i \mid^2 + \sigma^2} \qquad (6-25)$$

其中，$p_k(k = 1, 2, \cdots, K)$ 为用户间的功率分配 $\sum_{k=1}^{K} p_k \leqslant P$（$P$ 为总功率）。

此时，对应的第 k 个用户的信道容量（频谱效率）及总容量可分别表示为

$$C_k = \log_2(1 + \mathrm{SINR}_k) \qquad (6-26)$$

和

$$C_{\mathrm{sum}} = \sum_{k=1}^{K} \log_2(1 + \mathrm{SINR}_k) \qquad (6-27)$$

3. 预编码技术选择

预编码矩阵 $\boldsymbol{W} = [\boldsymbol{w}_1, \boldsymbol{w}_2, \cdots, \boldsymbol{w}_K]$ 是个 $M \times K$ 的矩阵，其确定方法有多种。综合考虑复杂度和性能，最终选择了 MMSE 预编码方法，即预编码矩阵为

$$\boldsymbol{W}' = \boldsymbol{H}^* (\boldsymbol{H}\boldsymbol{H}^* + \beta \boldsymbol{I})^{-1} \qquad (6-28)$$

其中，$\beta = K/\rho$。

4. 用户终端接收方式

在地面移动通信中，基于 MIMO 技术的多用户选择方法有很多，如多用户信道相关性估计方法、多用户信道秩分析方法等。由于地面移动通信场景下的基站功率基本不受限（或限制相对比较小），且用户与基站之间的相对距离差距不会很大，故多个用户的接收信噪比基本相当，此时决定多用户传输容量的主要因素是"多用户信道的可区分度"。而在卫星移动通信场景下，星载平台的最大功率是一定的，且多个地面终端与卫星的相对距离可以有较大差距，从而导致较大的接收信噪比差异。

卫星数据高效传输核心目标是：在固有的发射功率情况下，使总的传输速率最大化。这就需要综合考虑地面终端接收信号强度和多用户干扰，进行优

化选择。基本原则是将最多的功率用在最好的信道上。基本决策步骤如下。

（1）针对单终端情况：在所有上报 SINR 中选择最大终端，并根据自适应调制编码表计算出其对应的传输效率（η_1）；

（2）针对 2 空间子流情况：将待选终端两两配对，根据每个终端上报的信道信息计算出各自的 SINR（在总功率保持不变的情况下），并根据自适应调制编码表计算各自的最大传输效率 η_{21} 和 η_{22}，最终得到 $\eta_2 = (\eta_{21} + \eta_{22})$；

（3）针对 4 空间子流情况：将待选终端四四配对，根据每个终端上报的信道信息计算出各自的 SINR（在总功率保持不变的情况下），并根据自适应调制编码表计算各自的最大传输效率 η_{41}、η_{42}、η_{43} 和 η_{44}，最终得到 $\eta_4 = (\eta_{41} + \eta_{42} + \eta_{43} + \eta_{44})$；

（4）对比 η_1、η_2 和 η_4，选择最大值，同时确定了最佳终端个数及其对应的调制编码方式。

以上步骤中的 SINR 计算公式为

$$
\mathrm{SINR} = \frac{\left(\sum_{l=1}^{K} \dfrac{\lambda_l}{\lambda_l + \beta}\right)^2 + \sum_{l=1}^{K}\left(\dfrac{\lambda_l}{\lambda_l + \beta}\right)^2}{\sigma^2 K(K+1)\sum_{l=1}^{K}\dfrac{\lambda_l}{(\lambda_l + \beta)^2} + K\sum_{l=1}^{K}\left(\dfrac{\lambda_l}{\lambda_l + \beta}\right)^2 - \left(\sum_{l=1}^{K}\dfrac{\lambda_l}{\lambda_l + \beta}\right)^2}
$$

$$(6-29)$$

其中，λ_l 是矩阵 HH^* 的第 l 个特征值。

具体过程如下：

（1）当某个终端的接收信道条件足够好，若将所有卫星功率用于向这个终端传输，则接收信噪比（SNR）可以超过 30 dB，从而可以实现最高阶调制和最高码率的组合（16QAM+4/5 码率），达到 3.2 bit/（s·Hz）的传输效率；

（2）此时还存在另外一个终端，最大接收信噪比为 20 dB，可以用于组成两路空间复用系统，最终两个终端的接收信干噪比（SINR）分别为 23 dB 和 13 dB，则可分别支持 16QAM+1/3 码率和 BPSK+1/3 码率，从而使总的传输效率变为 1.33 bit/（s·Hz）；

（3）比较以上情形下单链路传输和两链路复用，发现空间复用并没有提高总的传输效率，则退而选择单链路传输。

总之，空间复用并不是总能提高系统传输效率，是否使用空间复用、使用多少子流取决于具体的用户终端分布和多终端的综合信道特征。

5. 导频设计、信道测量与信道反馈

在目前的设计中,卫星平台最多支持 4 个发射天线(两对垂直极化天线),从而最多支持 4 个子流同时传输。为了能够使每个终端都能测量相对于 4 个天线的信道响应,需要对卫星广播的导频信号进行设计。基本原则就是四个天线的导频需要正交。

由于采用的是 MIMO – OFDM 传输技术,最方便的一种方法就是使四个天线发送的导频信号在频域正交,这样地面终端的信道估计复杂度最低。频域正交的基本结构如图 6 – 11 所示。图中横轴为 OFDM 子载波索引,纵轴为天线索引。每个天线对应一个导频信号,四个信号在频域正交:天线 1 占用导频的序号为[0, 4, 8, 12, …],天线 2 占用导频的序号为[1, 5, 9, 13, …],天线 3 占用导频的序号为[2, 6, 10, 14, …],天线 4 占用导频的序号为[3, 7, 11, 15, …]。每个位置的导频符号可依据信道估计和同步的要求进行优化设计。

图 6 – 11　针对 4 个发射天线的正交导频设计图样

基于以上导频设计,终端只要在相应的位置获取针对不同天线的导频,从而可以估计针对每个天线的信道响应、信噪比等信道信息。地面终端一方面对所测量的信道响应进行有限位采样(如选择 8 比特采样),另一方面采用不连续反馈选择部分信道相应进行上报(如每 40 个子载波上报一个)。对于下图的导频设计来说,实际上每 4 个子载波才会得到一组信道估计,因此实际上每 10 组信道估计上报一组即可。

6.5.4　AMC 实现方法

1. 解码门限

之前研究自适应调制编码调制时的解码门限定义的是信噪比 SNR;而结合 MIMO 技术后,由于多用户并行传输会相互引入干扰,因此自适应调制编码时的解码门限应定义为信号与干扰和噪声比(信干噪比)SINR。

另外一个不同点是,之前使用的解码门限是在高斯信道下仿真得到的。在与MIMO-OFDM技术结合之后,重新在所选择的3GPP SCM信道模型下进行仿真,得到所有16种调制编码组合对应的解码门限,剔除不可能被选择的方案(相对于某些传输效率更高的方案有近似或更高的解码门限)。最终,简化得到适用于3GPP SCM信道模型下MIMO-OFDM系统的自适应调制编码方案如表6-1所示。最终,共有7种调制编码组合可以选择,SINR的跨度为0~20 dB,且相邻传输方案的SINR之差都在2 dB以上,因此具有较好的区分度。

与单纯的自适应编码调制相比,与MIMO结合后频率选择性信道条件下使各传输方案的解码均有一定程度的恶化,且传输效率越高,恶化的程度越大,如表6-1所示。

表6-1 精简后的自适应调制编码优化方案

SINR门限/dB	对应传输方案(调制+码率)	传输效率/bps
0	BPSK+1/3	1/3
4	QPSK+1/3	2/3
9	QPSK+1/2	1
13	16QAM+1/3	4/3
17	16QAM+1/2	2
20	16QAM+3/5	2.4
25	16QAM+4/5	3.2

2. 与空间复用技术结合自适应调制编码流程

在单链路情况下的自适应调制编码方案中,传输方案可由终端根据所估计的SNR确定,并告知卫星平台。而与空间复用技术结合后,只有卫星平台能够全局掌握所有地面终端的信道状况,因此是否使用多终端传输、支持几个终端、每个终端的传输方案等决策都只能由卫星做出。与空间复用技术结合自适应调制编码流程如图6-12所示。

终端工作流程:

(1)首先根据下行导频信息进行信道估计和SNR估计,并将SNR与经过有限处理过的信道响应信息通过反向信道报告给卫星平台;

(2)若被选中则会通过下行广播信道获得确认,并获得相应的调制编码方式;

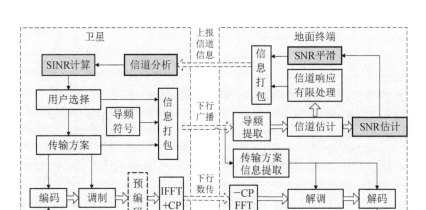

图 6‑12　与空间复用技术结合自适应调制编码运行流程

（3）被选中终端在反向信道发送确认信息，告知卫星准备好接收数据；

（4）随后在下行数传信道上按照所指定的调制编码方式接收信息；

（5）此时所估计的 SNR 实际为 SINR，继续反馈给卫星，用于信道信息更新。

卫星工作流程：

（1）收集各终端的信道信息，据此选择最优地面终端或终端组，并确定每个终端将使用的调制编码方式；

（2）用户选择及传输方式信息与导频信道复用在一起从下行广播信道发出；

（3）卫星在反向信道中收到各被选终端的信息后，在前向数据信道发送单流或者多流的卫星数据。

此后一段稳定区间内，卫星从反向信道持续接收各终端上报的 SINR 值，用于更新每个终端的调制编码方式。

6.5.5　仿真分析

本小节将通过典型场景的仿真分析，说明自适应调制编码与空间复用技术结合后，对系统整体传输容量的提升，比较三种情况：单链路单一传输方式、单链路自适应调制编码方式及空间复用与自适应调制编码相结合方式。

1. 仿真场景

以上三种传输方式的比较与终端的分布、卫星过境的阶段密切相关。

本小节将选择卫星过境的一个区间进行场景建立,并将其用于后面的性能比较,所选择的典型场景如图 6-13 所示。有两个地面终端分别位于卫星星下点两侧,仰角分别为 20° 和 150°。假设卫星从画面右侧向左侧飞行,考虑这样一个区间:随着卫星的移动,左侧终端的仰角从 20° 变成 30°,而右侧终端的仰角从 150° 变成 160°。这期间卫星扫过中心角区间为 7.5°～5.5°,持续时间为整个过境时间的 1/14。若令卫星转过 1° 中心角的时间为 T,则这个区间总耗时为 $2T$。卫星数传的符号率表示为 B symbol/s。

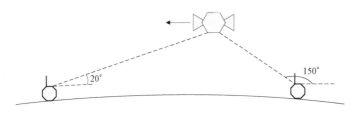

图 6-13　存在两个地面终端卫星卫星数传场景

2. 接收信噪比参考

对于用户终端来说,卫星过境期间的接收信噪比如图 6-14 所示,本小节选择重度阴影衰落情况进行分析。

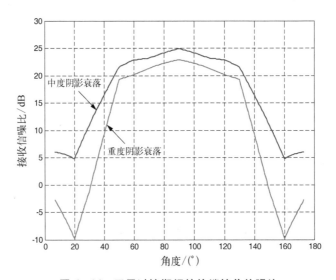

图 6-14　卫星过境期间的终端接收信噪比

从图 6-14 可以看出,两个用户终端的接收信噪比分别为 5 dB 和 10 dB。随着卫星的移动,左侧终端的接收信噪比逐渐从 5 dB 增加到 10 dB,

而右侧终端的接收信噪比逐渐从 10 dB 减小到 5 dB。

3. 单链路传输方式的容量分析

假设地面只有左侧的用户终端,卫星只配备单天线。单链路传输包括单一传输方式和变速率传输方式(自适应调制编码)两种。

若使用单链路恒定速率传输方式,为了保证卫星整个过境期间能够稳定通信,需选择 QPSK+1/3 的传输方式,效率为 2/3 bit/(s·Hz),则这段区间内总的传输容量为 4/3 BT。

若使用单链路可变速率传输方式,则可以在接收信噪比为 5~9 dB 区间内采用 QPSK+1/3 的传输方式(效率为 2/3 bit/(s·Hz)),然后在 9~10 dB 区间内采用 QPSK+1/2 的传输方式(效率为 1 bit/(s·Hz))。其中 5~9 dB 区间对应的中心角变化为 7.5°~6°,故传输容量为 2/3×1.5 BT = 1 BT;9~10 dB 区间对应的中心角变化为 6°~5.5°,故传输容量为 1×0.5T = 0.5 BT;最终,总的传输容量为 1.5 BT。

4. 多用户场景下的容量分析

假设星上存在两个交叉极化天线,而地面存在左侧和右侧两个终端。此时有可能在自适应调制编码的基础上加入两终端并行传输,但是否使用两路并行传输取决于星上的信道分析。下面按照"空间复用方案设计"所描述的过程分几个阶段进行分析。

1)右侧终端接收信噪比在 9~10 dB 区间

(1)首选确定,最好的单链路传输为右边终端,采用 QPSK+1/2 的传输方式,传输效率为 1 bit/(s·Hz)。

(2)此时,衡量两终端并行的可能,即对左侧终端选择 BPSK+1/3 或者更高。但是由于信道相关性较强,两路并行为每个链路都引入了较大干扰,效果如图 6 – 15 所示。从图中可以看出,由于相互干扰,左侧链路 BPSK+1/3 的解码门限从 0 dB 增加到 2 dB,而右侧链路 QPSK+1/2 的解码门限从 9 dB 增加到 18 dB。由此可知,这阶段使用 BPSK+1/3 与 QPSK+1/2 并行的方案是不可行的。

(3)此时,可选择对右侧终端降低码率,形成 BPSK+1/3 与 QPSK+1/3 并行的方案,效果如图 6 – 16 所示。从图中可以看出,由于相互干扰,此时 QPSK+1/3 的解码门限从单链路时候的 4 dB 恶化为 6 dB,小于 10 dB。这说明 BPSK+1/3 与 QPSK+1/3 并行的方案是可行的。但是此时两路并行的总传输效率为 1/3+2/3 = 1 bit/(s·Hz),与采用 QPSK+1/2 方式的单链路情况

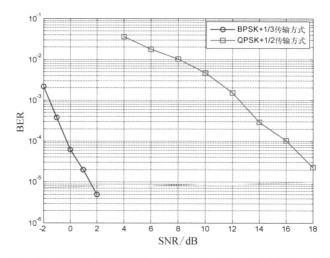

图 6-15　区间开始阶段使用两路并行传输的性能(不可行方案)

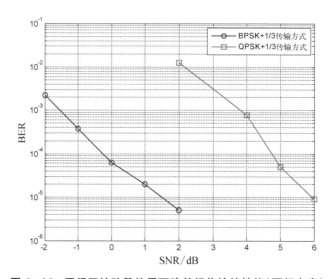

图 6-16　区间开始阶段使用两路并行传输的性能(可行方案)

相同。鉴于复杂度方面的考虑,此时仍应选择采用 QPSK+1/2 方式的单链路传输方式。

　　基于以上几点分析,当右侧终端接收信噪比在 9 dB~10 dB 区间以及左侧终端接收信噪比处于 9~10 dB 区间时,选择 QPSK+1/2 方式的单链路传输为系统最佳方案,因此这两段时间内的总容量为 1×(0.5 BT+0.5 BT)= 1 BT。

　　2) 右侧终端接收信噪比在 9~6 dB 区间

　　当右侧终端接收信噪比从 10 dB 降到 9 dB 之后,左侧终端的接收信噪比从 5 dB 增加到 6 dB。

（1）首选确定，最好的单链路传输为右边终端，采用 QPSK+1/3 方式，传输效率为 2/3 bit/（s·Hz）。

（2）此时，衡量两终端并行的可能。由于两个终端的接收信噪比都处于 6~9 dB，因此最大传输效率的组合为两路并行均选择 QPSK+1/3 方式，仿真效果如图 6-17 所示。从图中可以看出，由于相互干扰，QPSK+1/3 的解码门限从 4 dB 增加到了 6 dB，刚好满足两个终端此时的接收信噪比，说明两路并行均 QPSK+1/3 的传输方案是可行的。此时，并行传输系统总的传输效率为 2/3+2/3 = 4/3 bit/（s·Hz），大于单链路的最佳方案。

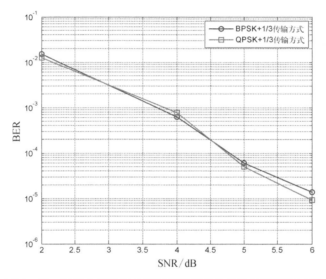

图 6-17 区间中间阶段使用两路并行传输的性能（可行方案）

基于以上两点分析，当右侧终端接收信噪比在 6~9 dB 时，左侧终端接收信噪比也处于 6~9 dB，此时的最佳方案为两路并行，且每路都选择 QPSK+1/3 调制编码方式。这个区间对应的中心角约为 1°，因此总的传输容量为 4/3 BT。

综合以上两个区间的分析，结合自适应调制编码、用户选择以及空间复用技术后，系统在改时间段内的总传输容量为 1+4/3 = 2.33 BT。

5. 容量比较分析

将以上三种系统方案的传输容量汇总比较（表 6-2），可以看出，在所考察的场景下，变速率传输方案下的容量相对于固定速率传输方案提高了约

13%,而结合空间复用技术后,双链路变速率传输方式的容量较单链路变速率方案提高了约60%。

表6-2 三种系统方案的传输容量比较

系 统 方 案	传输容量/BT
单链路固定速率传输方式	1.33
单链路变速率传输方式	1.5
双链路变速率传输方式	2.33

值得注意的点是双链路变速率传输方式带米的性能增益实际上来自两部分:一部分是10~9 dB信噪比区间内单链路情况下对用户的选择带来的增益;第二部分是9~6 dB信噪比区间内空间复用技术带来的增益。可见,即使不使用空间复用技术,多个地面终端仍然可以为单链路系统带来"用户选择增益",从而提高系统整体的传输效率。

6.6 市章小结

本章借鉴移动通信中MIMO传输的思想,提出一种基于空时编码的空间复用传输体制,分别探究了基于空间复用的单用户传输、多用户传输方法和性能。在此基础上,探索了AMC与空间复用相结合的高效传输技术。变速率传输方式与空间复用技术的结合可以大幅度提高卫星数据传输的效率,且两种技术在不同场景下相互补充。在地面终端较分散,均处于低仰角情况下,自适应调制编码的发挥空间有限,但空间复用技术的作用明显;当地面终端较为集中,均处于高仰角情况时,自适应调制编码将大幅度提高传输效率,但空间复用的效果将明显降低;而当地面终端有处于高仰角和低仰角结合的状态时,自适应调制编码和空间复用的效果都适中,将共同作用提高系统传输效率。

第三篇　基于无速率码的卫星数据高效传输技术

第7章　基于无速率码的卫星
数据传输初步分析

7.1　研究动因

为了保证一定的通信质量,在传统卫星数据传输系统中往往只根据最差信道条件进行系统设计,采用固定编码调制(constant modulation and coding, CMC)方式使整个星地链路满足最远的传播距离损耗和最严重的雨衰,但却未能利用星地距离变化带来的链路余量。针对 CMC 方式中链路余量浪费严重的问题,本书第二篇研究采用自适应编码调制技术,在 CMC 的基础上实现了阶梯式速率换挡。AMC 技术能够进一步提升卫星过境期间的传输数据量,但仍存在以下问题:

(1)在"阶梯式"的切换方案下,链路余量仍未得到充分利用;

(2)接收端需要不断计算信道状态信息并反馈给卫星,信道状态计算误差及反馈时延会造成星上切换的编码调制方案与地面终端不匹配;

(3)在信道状态变化较快时,星地之间握手交互过于频繁,这会造成链路资源浪费,并且使得星上过于频繁地切换编码调制方案,造成系统工作机制复杂。

在 AMC 技术中,造成阶梯式切换速率现象的主要原因在于信道编码。香农在 1948 年提出了著名的信道编码定理,即当传输速率 R 小于信道容量 C 时,一定存在一种编码方式可以使得信息传输的误比特率(bit error rate, BER)为 0。因此,为了实现可靠的数据传输,信道编码被广泛地应用至各种卫星数据传输系统中以对抗卫星信道中存在的噪声和干扰,纠正信息在传输中产生的错误。当前主流的信道编码有卷积码、Turbo 码、LDPC 码等,这些信道编码方式由于自身结构的特点,往往只在某几个固定码率值下进行设计,即使卫星信道状态变化时,系统也只能在这些固定码率值之间切换,产生了阶梯式切换的现象。此外,AMC 技术中发送端需要根据指令与接收端同时完成切换操作,这使得系统的工作复杂度过高,也对系统的同步性提出了很高的要求。由此,研究者不再满足于采用固定码率的编码方式进行卫星数据传输,而是希望能有一种满足下列条件的信道编码:

(1) 能够在信道环境恶劣的情况下自适应地降低码率,确保传输可靠性;

(2) 在信道环境较好时自适应地提高码率,提高传输效率;

(3) 能够实现不同码率值之间的无缝连接,而非像 AMC 技术那样阶梯式切换。

无速率码[34] (rateless codes)就是一种能够实现上述传输需求的高效可靠的新型信道编码。与现有的码率固定的编码方式不同,无速率码在编码端无固定码率,其最终码率值由接收端决定。发送端的无速率编码器采用基于概率分布的随机编码方式,源源不断地产生编码数据并发送出去。接收端译码器不断收集来自信道的编码数据,若当前收集的编码数据长度不足以恢复出原始数据,则继续接收冗余编码数据并再次尝试译码,直至译码成功。此时,接收端会向发送端反馈一个极为简单的反馈信号,以告知发送端停止传输,而在整个数据传输过程中无须其他任何反馈信息。从上述过程中可以看出无速率码具有三个重要特点:

(1) 自适应码率适配:编码的码率不需要在数据传输前给定,实际传输的码率取决于接收端译码成功所需的编码数据长度,码率值会跟随信道好坏自适应地升高或降低;

(2) 桶积水效应:接收端未能译码成功时会继续收集编码数据并尝试译码,直到成功恢复出原始数据为止;

(3) 极简单的反馈形式:在数据传输的过程中无须任何反馈重传请求,只需要在译码成功后由接收端向发送端反馈一个 1 比特左右的信息即可。

无速率码具有良好的自适应传输特性,应用前景十分广阔。但是,作为一种新型信道编码,无速率码无法直接应用于现有的码率固定的卫星数据传输系统中,仍有许多问题需要解决,主要包括:

(1) 无速率码在星地数据传输场景下的适应性改进;

(2) 采用无速率码的工作机制及传输算法的设计。

基于上述考虑,本书第三篇将针对上述两个问题进行深入研究,为无速率码及其在卫星数据传输系统中的应用提供新思路和新方法。

7.2 无速率码特性分析

7.2.1 无速率码编译码方式

无速率码最初是针对以因特网数据传输为代表的链路控制层广播业务提出的。这种传输信道可以等效为一个二进制删除信道(bianry erasure channel, BEC),不同的用户信道具有不同的删除概率,需要不同的冗余数据以恢复源数据包。针对这个问题,Byers 等学者提出了第一种无速率码——随机线性喷泉码[35],以实现对不同用户数据的可靠传输。但是,随机线性喷泉码的编码、译码过程需要进行矩阵的求逆运算,复杂度高达 $O(K^3)$,因此并未得到广泛的应用。2002 年,Luby 提出了第一种实用的无速率码——LT 码[36](Luby transform codes),此无速率码采用基于度分布的随机编码方式,大大降低了编码、译码的复杂度,为无速率码的应用提供了可能。

LT 的编码方法如图 7-1 所示。其中,$v_i (1 \leq i \leq K)$ 表示源比特,又称为信息节点;$c_j (1 \leq j \leq N)$ 表示校验比特,又称为校验节点。编码过程为:① 根据度分布函数 $\Omega(x)$ 生成一个度数值 d;② 从 K 个信息节点中随机选取 d 个进行异或操作,得到 c_j;③ 重复步骤①、②直到生成 N 个校验节点。

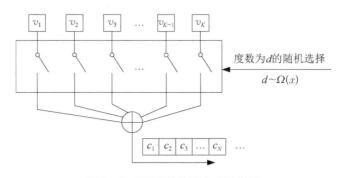

图 7-1 LT 码的编码方式示意图

LT 码在 BEC 中的译码方式为边消除译码,如图 7-2 所示。其中,空心圆圈表示信息节点,空心方框表示校验节点,实心圆圈表示编码节点,编码节点与校验节点一一相连,图 7-2 实际上也是 LT 码的 Tanner 图。在图 7-2 中,译码过程自度数为 1 的编码节点处开始,经过多次异或和边消除操作,三个信息节点的值终被成功恢复。

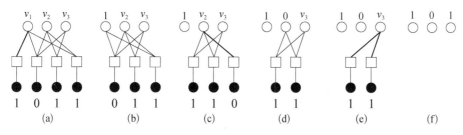

图 7 - 2　LT 码在 BEC 中的译码过程

Shokrollahi 在 LT 码的基础上提出了一种改进的无速率码——Raptor
码[37],此无速率码是以 LT 码为内码、预编码为外码级联而成的。当 LT 码部
分无法成功译码时,Raptor 码可以利用预编码部分进一步纠正出错信息,从
而恢复出源数据。此外,文献[8]还证明,在给定译码开销 ε 时,Raptor 码的
编码、译码复杂度分别为 $O[\ln(1/\varepsilon)]$ 和 $O[K(1/\varepsilon)]$,仅具有线性复杂度。
Raptor 码的 Tanner 图如图 7 - 3 所示,其编码过程如图 7 - 4 所示。

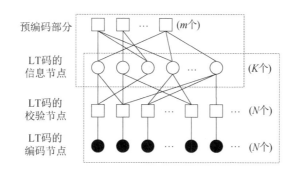

图 7 - 3　Raptor 码的 Tanner 图

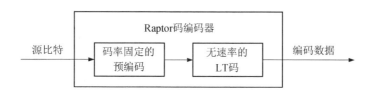

图 7 - 4　Raptor 码的编码过程

7.2.2　LT 码在 AWGN 信道下的 BP 译码算法

首先对一些基本符号进行定义。假设 LT 码对 K 个信息比特 $v = \{v_1,$
$v_2, \cdots, v_K\}$ 进行编码,产生 N 个校验比特 $c = \{c_1, c_2, \cdots, c_N\}$,而 N 个编码

比特 $w = \{w_1, w_2, \cdots, w_N\}$ 与校验比特一一相连。信息比特、校验比特、编码比特通常又被称为信息节点、校验节点、编码节点，LT 码的 Tanner 图如图 7-5 所示。定义校验节点的度分布函数为 $\Omega(x) = \sum_{j=1}^{d_c} \Omega_j x^j$，其中 d_c 是最大校验节点度数值；信息节点的度分布函数为 $\Lambda(x) = \sum_{i=1}^{d_v} \Lambda_i x^i$，其中 d_v 是最大信息节点度数值。定义信息节点和校验节点基于边的度数分布函数为 $\lambda(x) = \sum_{i=1}^{d_v} \lambda_i x^{i-1}$ 和 $\rho(x) = \sum_{j=1}^{d_c} \rho_j x^{j-1}$，其中，$\lambda(x)$ 满足 $\lambda(x) = \Lambda'(x)/\Lambda'(1)$，$\rho(x)$ 满足 $\rho(x) = \Omega'(x)/\Omega'(1)$。定义 $\beta = \sum_{j=1}^{d_c} j\Omega_j$ 为校验节点的平均度数，$\alpha = \beta N/K$ 为信息节点的平均度数。尽管 LT 码是无速率码，但定义其瞬时码率为 $R = K/N$。

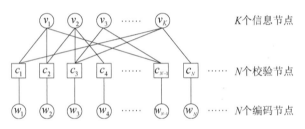

图 7-5　LT 码的 Tanner 图

定义 LT 码的生成矩阵 $\boldsymbol{G}_{\text{LT}}$ 为 $K \times N$ 的矩阵，其中每一行对应 Tanner 图中的一个信息节点，每一列对应一个编码节点。若矩阵 $\boldsymbol{G}_{\text{LT}}$ 的第 i 行、第 j 列的元素为 1，则表示第 i 个信息节点参与了第 j 个编码节点的生成，在 Tanner 图中反映为第 j 个校验节点与第 i 个信息节点之间存在边相连。LT 码的生成矩阵与 Tanner 图是等价关系，又因为编码节点和校验节点一一相连，因此编码比特和信息比特之间满足：$\boldsymbol{w} = \boldsymbol{v}\boldsymbol{G}_{\text{LT}}$。

BP 译码算法是将 LLR 信息在信息节点和校验节点之间进行来回传递和更新，使 LLR 信息逐渐收敛于稳定值并据此进行最佳判决。令 $L_{c_j \to v_i}$ 表示迭代过程中第 j 个校验节点传递给第 i 个信息节点的 LLR 信息，定义为

$$L_{c_j \to v_i} = 2\tanh^{-1}\left[\tanh\left(\frac{L_{\text{ch}}^j}{2}\right) \times \prod_{i \in N(j)\setminus(i)} \tanh\left(\frac{L_{v_i \to c_j}}{2}\right)\right] \qquad (7-1)$$

其中，$N(j)\setminus(i)$ 表示除第 i 个信息节点外，与第 j 个校验节点相连的所有信

息节点的集合；L_{ch}^{j} 表示每个校验节点从编码节点处获得的来自信道的 LLR 信息。

类似地，令 $L_{v_i \to c_j}$ 表示迭代过程中第 i 个信息节点传递给第 j 个校验节点的 LLR 信息，定义为

$$L_{v_i \to c_j} = \sum_{j \in N(i)\backslash(j)} L_{c_j \to v_i} \qquad (7-2)$$

其中，$N(i)\backslash(j)$ 表示除第 j 个校验节点外，与第 i 个信息节点相连的所有信息节点的集合。

对于信息节点 v_i，其 LLR 判决值为

$$L(v_i) = \sum_{j \in N(i)} L_{c_j \to v_i} \qquad (7-3)$$

当达到最大迭代次数后，利用下式对译码比特值进行判决

$$\hat{v}_i = \begin{cases} 0, & L(v_i) \geqslant 0 \\ 1, & L(v_i) < 0 \end{cases} \qquad (7-4)$$

7.2.3　Raptor 码在 AWGN 信道下的 BP 译码算法

Raptor 码是以 LT 码为内码，以高码率 LDPC 码为外码的级联码，其 Tanner 图如图 7-6 所示。定义 LDPC 码部分的校验节点为 $\boldsymbol{b} = \{b_1, b_2, \cdots, b_m\}$，LDPC 码部分的变量节点则为 LT 码的信息节点，LDPC 码的校验矩阵为 $\boldsymbol{H}_{\mathrm{LDPC}}$，生成矩阵为 $\boldsymbol{G}_{\mathrm{LDPC}}$。Raptor 码的传统译码方式为：先由 LT 码部分译码，再将 LT 码译码结果送至 LDPC 码部分进行译码，得到最终译码比特值。

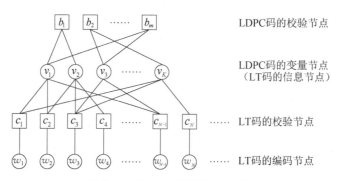

图 7-6　Raptor 码的 Tanner 图

需要注意的是,如果采用的是规则 LDPC 码,则可以根据 LT 码部分的译码比特值 $\hat{\boldsymbol{v}}$ 直接恢复出原始信息比特;如果采用的是非规则 LDPC 码,还需要求解 $\boldsymbol{G}_{\mathrm{LDPC}}$ 的逆矩阵 $\boldsymbol{G}_{\mathrm{LDPC}}^{-1}$,则原始信息比特为 $\hat{\boldsymbol{v}}\boldsymbol{G}_{\mathrm{LDPC}}^{-1}$。

7.3　基于无速率码的卫星数据传输能力初步分析

理论上,无速率码可以利用码率自适应变化的特点,无缝贴合信道状态进行数据传输,达到充分利用链路余量的目的。但是,作为一种新的信道编码技术,要将无速率码应用至卫星数据传输中,并非将码率固定的编码器替换为无速率编码器就可以实现。这是因为,采用无速率码进行数据传输,不仅需要无速率码的编译码原理,还需要对系统的工作模式进行改变,以充分发挥无速率码的链路自适应特点。本节给出了一种基于无速率码的卫星数据传输基本系统框图,并将其与传统数据传输技术的性能进行了对比。

7.3.1　固定编码调制技术的分析

图 7-7 是采用 CMC 技术的卫星数据传输系统,为了便于分析和理解,图中只给出了一些必要环节。在 CMC 系统中,发送端将经过信源编码后的比特信息送入信道编码器中,依次进行 CRC 编码和固定码率编码,然后将编码比特暂时存储在缓存区中,同时送至调制器进行映射、调制,最后将承载有比特信息的载波通过无线信道发送至地面站。接收端按照上述操作的逆过程依次对信号进行解调、译码、校验,若译码信息正确,则向卫星反馈 ACK 确认信息;若译码出错,则向卫星反馈 NACK,请求重传数据,如果达到最大重传次数时仍未能接收成功,则本次数据传输失败。

（1）CMC 技术的特点是:按照链路预算结果,以卫星过境期间内最差信道状态下能够译码成功的码率值进行数据传输,且码率值恒定不变。

（2）CMC 技术在译码失败时的处理方式:① 反复重传直至译码成功或达到最大重传次数;② 译码失败次数以及重传次数不会对后续数据传输起到任何启示作用。

（3）CMC 技术在信道状态变化时的情况:① 信道状态突发性变差时,只能通过重传保证数据译码成功;② 信道状态变好时,无法利用链路余量传输更多的数据。

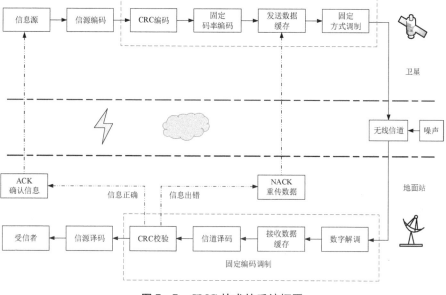

图 7 - 7　CMC 技术的系统框图

CMC 技术采用恒定码率值进行数据传输,虽然确保了数据的可靠性,但却使得大量的链路余量未能使用,牺牲了数据传输的有效性,如图 7 - 8 所示。

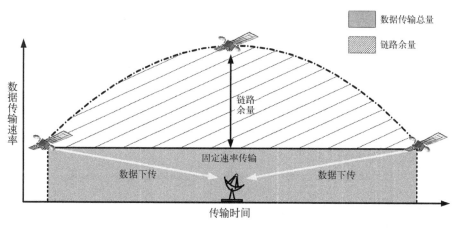

图 7 - 8　CMC 技术的传输效果示意图

7.3.2　自适应调制编码技术的分析

AMC 技术的系统框图如图 7 - 9 所示。与 CMC 技术相比,AMC 技术可

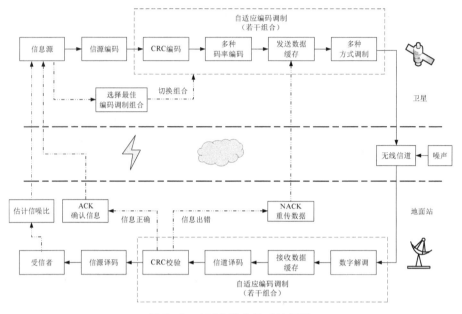

图 7-9 AMC 技术的系统框图

以通过切换编码码率值和调制方式提高数据传输效率。

（1）AMC 技术的特点：能够自适应地切换编码调制组合，使当前数据传输速率与信道状态的变化趋势相吻合，提高了传输效率。

（2）AMC 技术在译码失败时的处理方式：① 反复重传直至译码成功或达到最大重传次数；② 译码失败次数及重传次数不会对后续数据传输起到任何启示作用。

（3）AMC 技术在信道状态变化时的情况：① 接收端实时估计信噪比并反馈至发送端；② 发送端将切换至能在该信噪比下达到最大传输效率的编码调制组合。

AMC 技术通过改变编码调制方式，使得数据传输速率实现了阶梯式的变化，利用了部分链路余量，在确保可靠性的前提下提高了传输效率，如图 7-10 所示。

7.3.3　采用无速率码的传输技术分析

尽管 AMC 技术能够阶梯式地提高数据传输速率，但是阶梯之间仍有大量的链路余量未能利用。无速率码可以在任意大小的码率值下进行编码，

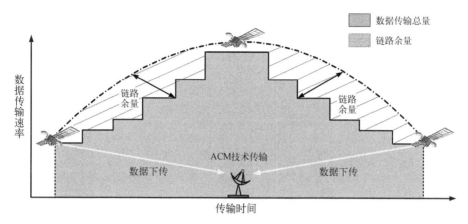

图 7 - 10　AMC 技术的传输效果示意图

因此可以用来弥补阶梯之间的"空隙"。采用无速率码的发送端只需要源源不断发送比特数据直至收到接收端的 ACK 信息,接收端也只需对不断输入的比特 LLR 信息进行译码操作即可。理想情况下,采用无速率码传输技术的简易系统框图如图 7 - 11 所示。

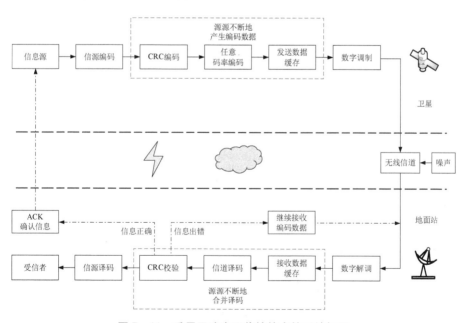

图 7 - 11　采用无速率码传输技术的系统框图

（1）无速率码传输技术的特点: ① 能够根据卫星指令,在任意码率值下进行编码;② 在译码出错时,能够利用桶积水效应对重传数据进行合并译码;③ 接收端根据信道状态的好坏自适应地改变参与译码的比特数,实现码率调整。

（2）无速率码传输技术在译码失败时的处理方式：保留译码信息,继续接收冗余编码数据,将冗余数据与之前的译码信息合并进行译码。

（3）无速率码传输技术在信道状态变化时的情况：① 发送端只负责源源不断地产生编码数据,并传输至接收端;② 接收端也仅仅是不断地尝试译码,直至译码成功时向发送端反馈 ACK 信息。

可以看出,与 AMC 技术相比,采用无速率码的传输技术的特点主要在于调整码率部分。一方面,无速率码可以实现码率无缝变化而非阶梯式切换,并天然具备合并译码特点,无须采用打孔等操作。另一方面,该系统无须进行复杂的信噪比估计,发送端和接收端的工作方式极为简单。这不仅进一步利用了阶梯之间的链路余量,还简化了系统工作机制,无速率码能够达到的传输性能如图 7 - 12 所示。

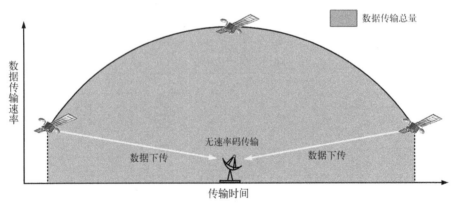

图 7 - 12　采用无速率码的传输效果示意图

7.3.4　三种传输技术对比分析

本小节以卫星为例,对采用 CMC、AMC 和无速率码的三种传输技术的性能进行初步分析。考虑如下理想情况：① 传输数据按比特进行发送;② 忽略传输时延及反馈信息时延;③ 数据在预设码率值下一次性传输成功,无须重传。将卫星的参数设置如下：轨道为圆轨道,高度为 400 km,EIRP 为 15 dBW,符号数据速率为 $R_s = 30$ MS/s,载波频率为 7.25 GHz,地面

终端 G/T 为 7.3 dB,系统备余量 M 为 3 dB,调制方式为 QPSK。在上述参数条件下可以仿真得到卫星从进境至出境的过程中,信噪比 E_s/N_0 的变化范围为 [−5 dB,10 dB],如图 7 − 13 所示。

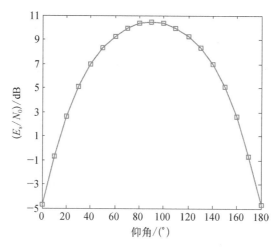

图 7 − 13　信噪比随仰角的变化情况

1. CMC 技术和 AMC 技术下的传输数据量

对采用 CMC 技术和 AMC 技术的系统,本小节考虑利用 DVB − S2 标准中的方案进行数据传输。DVB − S2 标准中,不同编码调制方式对应的不同的符号信噪比门限值。因此,理想情况下,CMC 技术和 AMC 技术下的传输数据量的计算方式如下。

(1) CMC 技术:① 根据链路预算结果,求得满足最低信噪比的编码调制组合;② 求解该编码调制组合下的有效数据率;③ 将有效数据率乘以卫星过境时间,即为传输数据量。

(2) AMC 技术:① 根据链路预算结果,求出卫星过境期间可能采用所有编码调制组合;② 求解卫星在上述每一个编码调制组合下的有效数据率及过境时间;③ 分段求解每个组合下的传输数据量,相加即为总的传输数据量。

然而,如果将卫星从进站至过境的过程按等间隔信噪比进行阶段划分,会导致每个阶段内卫星运行时间不相同,使计算变得复杂。针对这个问题,考虑采用等间隔中心角进行阶段划分,这样得到的各阶段的运行时间 T 是相同的,然后求解出有效数据率曲线的积分值 Q,则 QT 即为传输

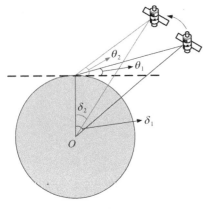

图 7 - 14 卫星运行过程中仰角和中心角的关系图

数据量,图 7 - 14 给出了中心角与仰角的关系图,其中 δ 表示中心角,θ 表示仰角。

在过境时刻将卫星从进境至出境的过程划分为两个阶段,信噪比的变化情况是完全对称的,两个阶段中码率、有效数据率、传输数据量的计算方法和结果完全相同,因此这里只对卫星从进境至过境的过程进行分析。参照 DVB-S2 标准给出了适用于上述参数条件的 CMC 方案和 AMC 方案,如表 7 - 1 和表 7 - 2 所示。把卫星过境过程分为 20 段,需要说明的是,阶段 1 至阶段 6 中的信噪比均小于基于 DVB - S2 标准的 AMC 方案中给出的可以进行数据传输的最低符号信噪比,因此没有满足条件的编码调制组合,不进行数据传输。

表 7 - 1 基于 DVB-S2 标准的 CMC 方案

所处阶段	调制方式	码　率
7~20	QPSK	1/4

表 7 - 2 基于 DVB - S2 标准的 AMC 方案

所处阶段	调制方式	码　率	所处阶段	调制方式	码　率
7~9	QPSK	1/4	15~16	QPSK	3/4
10~12	QPSK	2/5	17~18	8PSK	2/3
13~14	QPSK	3/5	19~20	16APSK	2/3

以 1° 中心角为间隔进行划分,每个阶段内的运行时间为 $T = 15.02\,\text{s}$。未编码时的有效数据率即为 R_s,编码时的有效数据率为

$$R_b = RR_s \log_2 M_o \tag{7-5}$$

其中,R 为编码速率,M_o 为调制阶数。综上所述,根据表 7 - 1 和表 7 - 2 给出的方案,可以求得两种技术下的传输数据量为

$$\text{CMC 技术的数据量} = \frac{1}{4} \times 30 \times \log_2 4 \times 14 \times 15.02\,\text{Mbit} = 3\,154.20\,\text{Mbit}$$

$$\text{AMC 技术的数据量} = 30 \times \left[\left(\frac{1}{4} \times \log_2 4 \times 3 \right) + \left(\frac{2}{5} \times \log_2 4 \times 3 \right) \right.$$

$$+ \left(\frac{3}{5} \times \log_2 4 \times 2 \right) + \left(\frac{3}{4} \times \log_2 4 \times 2 \right)$$

$$+ \left. \left(\frac{2}{3} \times \log_2 8 \times 2 \right) + \left(\frac{2}{3} \times \log_2 16 \times 2 \right) \right]$$

$$\times 15.02 \text{ Mbit}$$

$$= 8\,396.18 \text{Mbit}$$

2. 无速率码技术下的传输数据量

求解无速率码的传输数据量,需要计算每一次发送数据时的最佳码率值。但是,卫星过境时接收端信噪比是连续变化的,因此,需要确定区间 [−5 dB,10 dB] 内任意一个信噪比对应的最佳码率值。针对这个问题,本小节考虑采用多项式拟合的方式计算任意一点的码率值,然后求解得到有效数据率,最后利用"以直代曲"的思想求解传输数据量。

(1) 首先,对离散信噪比下的最佳码率值进行仿真分析。本节采用误码平台更低的 Raptor 码进行数据传输。无速率码具有前向递增冗余特性,可以利用之前的译码信息与新接收到的编码数据进行合并译码,这样可以在不损失译码性能的前提下,进一步降低译码复杂度。卫星过境时链路传输损耗的变化会引起接收端符号信噪比的变化,Raptor 码在每个信噪比下选取不同 R 值时的译码成功概率不同。译码成功概率与 R 之间的关系受到调制方式、信噪比、预编码种类、度分布函数、信息比特数长度等的影响,目前尚无确切的关系式可以表示二者之间的关系。为了选取最佳 R 值,本节对 Raptor 码在不同调制方式和不同信噪比下的译码情况进行蒙特卡罗仿真,将每个信噪比下译码成功的所有 R 值从小到大排列并分别统计每个 R 值出现的频率,将各频率值依次累加,作为相应 R 值下的译码成功概率。根据大数定律可知,当大量重复某一实验时,最后的频率无限接近事件概率,因此上述分析是合理的。

将 Raptor 码的参数设置如下:预编码采用码率为 0.95 的 LDPC 码,输入比特数 $K = 19\,000$,构造校验矩阵时采用 PEG 算法[38],固定变量节点度数为 $\alpha = 3°$,校验节点近似具有规则的度数 $\beta = 60°$;内码为 LT 码,其度数分布为

$$\Omega(x) = 0.015x + 0.495x^2 + 0.167x^3 + 0.082x^4 + 0.071x^5$$
$$+ 0.049x^8 + 0.048x^9 + 0.05x^{19} + 0.023x^{66} \qquad (7-6)$$

仿真中采用联合译码算法,并且对新接收的数据进行合并译码,在联合译码算法中设置迭代次数为(30,30,10)。发送端采用 QPSK、8PSK、16QAM、64QAM 共 4 种调制方式,信号功率归一化为 1 W,设置信噪比的变化范围为[−5 dB,10 dB]。蒙特卡罗仿真次数设置为 10 000 次,得到采用上述 4 种调制方式时,各信噪比下不同码率值对应的译码成功概率,部分结果如图 7−15 所示,其横坐标译码开销为码率的倒数。进一步设定 99.7% 为阈值,选取译码成功概率≥99.7% 时所对应的最小 R 值作为最佳 R 值,结果如表 7−3 所示。

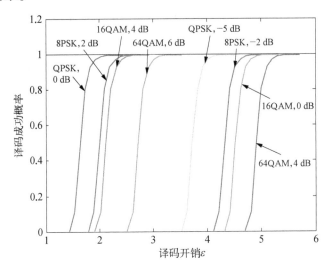

图 7−15 译码开销与译码成功率关系图

表 7−3 采用不同调制方式的 Raptor 码的码率值与信噪比的关系

(E_s/N_0) /dB	QPSK 码率	8PSK 码率	16QAM 码率	64QAM 码率	(E_s/N_0) /dB	QPSK 码率	8PSK 码率	16QAM 码率	64QAM 码率
−5	0.17	0.10	0.07	0.04	3	0.62	0.41	0.30	0.19
−4	0.20	0.13	0.09	0.05	4	0.67	0.47	0.35	0.22
−3	0.25	0.16	0.10	0.06	5	0.72	0.52	0.40	0.25
−2	0.29	0.18	0.14	0.08	6	0.78	0.58	0.46	0.28
−1	0.35	0.22	0.17	0.10	7	0.80	0.62	0.52	0.33
0	0.42	0.27	0.19	0.11	8	0.84	0.68	0.56	0.37
1	0.49	0.31	0.22	0.13	9	0.86	0.74	0.63	0.41
2	0.55	0.36	0.26	0.15	10	0.87	0.77	0.68	0.46

需要说明的是,虽然通过无限增加编码长度可以保证译码成功概率等于1,但是过多的编码数据会增加接收端译码复杂度,并降低码率值,使得有效数据率下降。因此本书通过设定阈值的方式在译码成功概率与 R 之间进行折中,且设定的阈值为99.7%,几乎逼近1,已经确保了系统具有极大的概率可以成功译码。另外,在实际传输过程中,通过与重传机制结合,总可以使得系统在该 R 值下具有良好的译码性能。

（2）其次,对任意信噪比下的码率值进行多项式拟合。表 7 - 3 求得的是 E_s/N_0 为整数值时的最佳码率值,但是,卫星过境时接收端信噪比是连续变化的,如果要真正实现不同码率之间的无缝切换,还需要确定区间 $[-5\text{ dB}, 10\text{ dB}]$ 内任意一个信噪比对应的最佳码率值。针对这个问题,考虑采用多项式拟合的方式,计算任意一点的码率值。取拟合阶数为 7 阶,表达式为

$$I(r) = \sum_{n=0}^{7} a_n r^n \tag{7-7}$$

其中, a_n 为拟合参数。根据表 7 - 3 中的仿真数据得到拟合参数如表 7 - 4 所示,拟合曲线如图 7 - 16 所示。根据多项式拟合参数,可求得区间 $[-5\text{ dB},$ $10\text{ dB}]$ 内任意一点对应的最佳码率值。

表 7 - 4　不同调制方式下的拟合参数

拟合参数	QPSK	8PSK	16QAM	64QAM
a_0	7.02×10^{-9}	1.49×10^{-8}	-5.03×10^{-9}	2.73×10^{-9}
a_1	-3.29×10^{-7}	-5.24×10^{-7}	1.52×10^{-7}	-6.72×10^{-8}
a_2	4.91×10^{-6}	5.47×10^{-6}	-1.52×10^{-6}	1.32×10^{-7}
a_3	-3.20×10^{-6}	-9.70×10^{-6}	-7.71×10^{-6}	1.96×10^{-6}
a_4	-5.52×10^{-4}	-2.53×10^{-4}	1.81×10^{-4}	2.58×10^{-5}
a_5	1.42×10^{-3}	2.39×10^{-3}	1.42×10^{-3}	1.27×10^{-3}
a_6	6.62×10^{-2}	4.51×10^{-2}	3.09×10^{-2}	2.03×10^{-2}
a_7	0.42	0.27	0.19	0.11

（3）最后,通过计算有效数据率曲线的积分值,求解传输数据量。参照7.3.4 节第 1 小节中按等间隔中心角划分的方式,以卫星所处阶段为横坐标重新画出码率值的变化情况,如图 7 - 17 所示。其中,两个横坐标值之间包含两个阶段,例如 11~13 对应的是阶段 11 和 12。无速率码方案中的有效数据率的计算方式与 AMC 方案中相同,可求得 4 种调制方式下有效数据率的变化情况如图 7 - 17 所示。

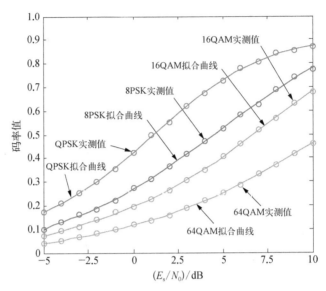

图 7-16 采用不同调制方式的码率拟合曲线

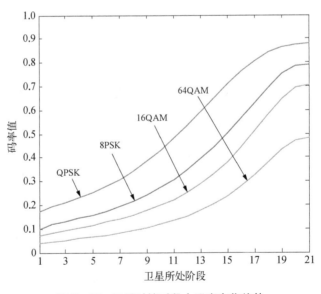

图 7-17 卫星过境时段内码率变化趋势

　　为了计算传输数据量,就必须求得有效数据率曲线的积分值。为此,本小节考虑采用微积分中"以直代曲"的思想:将图 7-17 中的曲线分成足够多的矩形,以每个矩形的面积近似代替曲边梯形的面积。在划分的数目足够多的情况下,矩形的面积和会无限逼近曲线的积分值。在求解出曲线的

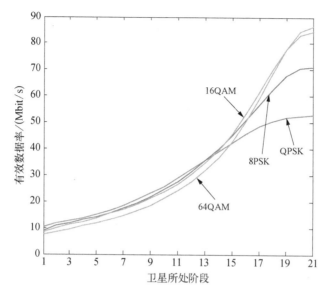

图 7 - 18　卫星过境时段内有效数据率变化趋势

积分值后,将积分值与每个阶段内的运行时间 T 相乘即为传输数据量,结果如表 7 - 5 所示。

表 7 - 5　四种调制方式下的传输数据量

系 统 方 案	积 分 值	数据量/Mbit
QPSK+Raptor 码	616.54	9 260.49
8PSK+Raptor 码	678.05	10 148.29
16QAM+Raptor 码	713.56	10 717.60
64QAM+Raptor 码	674.72	10 134.36

3. 三者传输数据量对比分析

为了直观分析三种传输技术的性能,对传输过程中一些参数的变化情况进行对比。

(1)首先,对传输过程中的有效数据率变化情况进行分析。在过境时间相同的情况下,有效数据率是决定最终传输数据量的决定因素。根据上述求得的各阶段内三种传输技术的码率值、调制方式,计算得到有效数据率的值,其变化趋势如图 7 - 19 所示。显然,CMC 技术的有效数据率不会随着信道状态的变化而增加或降低,对链路余量的利用率是最低的。AMC 技术的有效数据率会随着信道状态的变化阶梯式增加,实现了对链路余量的利用。

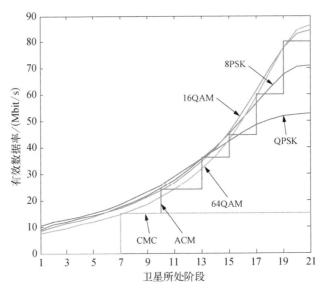

图 7 - 19　三种技术有效数据率的变化趋势

无速率码的技术则具有两个特点：一是实现了有效数据率随信道状态的无缝变化；二是在信噪比较低时也能通过降低码率值成功进行数据传输。

（2）其次，对传输过程中的累计传输数据量进行分析。采用"以直代曲"的方式，对三种传输技术在卫星过境期间内的累计传输数据量进行分段计算，结果如图 7 - 19 所示。根据表 7 - 5 中的数据可知，采用无速率码时的数据量比 CMC 技术分别提高了 193.54%、222.80%、239.73%、221.25%，比 AMC 技术分别提高了 10.29%、21.30%、27.65%、20.70%，这表明采用无速率码的传输方案在信道状态条件极差且变化范围较大时更具优势。4 种方案中，64QAM 的数据量小于 16QAM，因为与其他 3 种方案相比，采用 64QAM 的方案在相同信噪比下成功译码所需要的冗余比特最多，因此码率最低，从而引起传输数据量的下降。但在其他 3 种方案中，通过增加星座点个数及其包含比特数，足以弥补初始阶段码率偏低引起的传输数据量的损失，这说明经过恰当的设计，总能使得采用无速率码进行卫星数据传输时的数据量达到最大。

（3）最后，对传输过程中的频谱效率进行分析。图 7 - 21 给出了三种传输技术在卫星过境时段内的频谱效率，为便于观察和对比，将横坐标设置为信噪比。可见，在采用无速率码进行卫星数据传输时能够进一步挖掘了 AMC 方案中"阶梯"之间的链路余量，使频谱效率随信道状态的变化而无缝

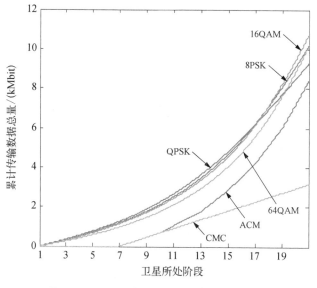

图 7-20　卫星过境时段内累积传输数据量

变化,充分利用了卫星信道的传输能力。从图 7-21 中还可以看出,AMC 方案共进行了 5 次切换,而本书方案仅在单一调制方式下即可进行数据传输,且得到比 AMC 方案更多的传输数据量,进一步体现了采用无速率码进行数据传输的优势。

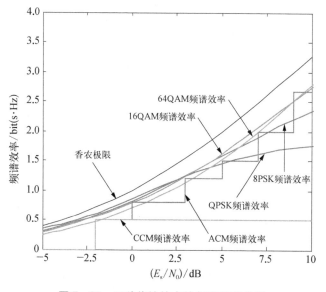

图 7-21　三种传输技术的频谱效率曲线

7.4 基于无速率码的卫星数据传输关键问题分析

7.4.1 无速率码的误码平台对自适应传输的影响

无速率码中应用最为广泛的是 LT 码和 Raptor 码,而 LT 码是 Raptor 码实现无速率的关键。但是,LT 码由于自身结构以及编码方式的特点,不可避免地存在误码平台现象。误码平台主要表现在两个方面:

(1) 固定信噪比下,码率值降低到一定值后,BER 不会随着编码长度的增加继续瀑布式下降,而是会保持在一定的范围,从而形成误码平台;

(2) 固定码率值下,信噪比增加到一定值后,BER 不会随着信噪比的增加继续瀑布式下降,而是会保持在一定的范围,从而形成误码平台。

无论是哪一种情况,都会使得无速率码传输系统无法充分利用链路余量,表现在:当信噪比变好时,由于误码平台的限制,接收端仍需要相同的冗余编码长度达到一定的 BER 标准,从而使得码率值始终维持在较低的数值,降低了有效数据率和传输效率,造成链路余量的浪费。

Raptor 码虽然能够利用预编码消除 LT 码的误码平台,但这是通过增加编译码复杂度换取的。实际上,若能改善 LT 码的误码平台,同样可以对 Raptor 码产生增益,达到进一步提高码率值的目的。

综上所述,无速率码传输技术中的关键问题之一是:消除或改善 LT 码的误码平台,进一步利用链路余量,达到提高传输效率的目的。

7.4.2 发送端和接收端的面临的问题

之前对三种传输技术性能的比较分析是在理想情况下进行的,其中无速率码传输系统进行数据传输的过程为:

(1) 发送端将信息比特进行无速率编码,并将编码比特源源不断地发送出去;

(2) 接收端收到第一个编码比特后即刻启动译码,同时继续接收新的编码比特进行合并译码;

(3) 接收端译码成功,即刻停止译码并向发送端反馈 ACK 信息;

(4) 发送端收到 ACK 信息后即停止当前信息比特的相关操作,并按照上述操作继续对下一段数据进行编码和发送。

但是,在实际传输系统中,数据的收发操作不可能按照上述步骤进行,原因在于:

(1)发送端一般采用固定长度的数据帧传输数据,无法按比特进行数据传输;

(2)接收端不会在收到一个编码比特后就启动译码,频繁启动和关闭译码进程会浪费系统资源;

(3)接收端反馈信息时存在时延,无法确保发送端的编码码率值恰好等于最佳码率值,可能会造成发送端编码数据的浪费;

(4)发送端一般不会一直等待某一段数据的传输结果,如果某一段数据一直未能译码成功或达到最大重传次数,系统会按出错进行处理。

综上所述,发送端和接收端应解决的问题主要在于:

(1)设计适用于无速率码传输的数据帧结构;

(2)设计发送端和接收端的工作状态和工作方式;

(3)设计一种能够主动自适应调整码率的方式,可以用在发送端或接收端。

7.4.3 实现自适应调整码率功能面临的问题

无速率码传输系统的核心在于码率的自适应调整功能。理论上而言,接收端对每一段数据译码时,译码器都有唯一的输入信噪比,所以也有唯一与之对应的最佳码率值。如果要对链路余量进行充分利用,就要使接收端在每次译码时都在最佳码率值下进行,因此,自适应调整码率的关键在于:根据信道状态实时调整码率值,使得每一段数据都能在最佳码率值下发送与接收。

一种简单的方式是:接收端实时估计信噪比,并及时将准确的信道状态反馈至发送端,发送端据此选择最佳的码率值进行编码和传输,系统也可以在此码率值下恰好达到 BER 标准。但是,这需要接收端不断进行信噪比估计,大大增加了接收端工作复杂度,且大量的反馈信息会浪费链路资源。

综上所述,实现自适应调整码率应解决的主要问题是:设计一种主动学习的自适应调整码率算法,且避免进行信噪比估计和接收大量的反馈。

7.5　本章小结

本章分析采用无速率码进行卫星数据传输的动因,阐述无速率码的基本特性,对基于无速率码的卫星数据传输能力和面临的关键问题进行了初步分析。结果显示,采用 4 种调制方式的 Raptor 码的数据量比 CMC 技术分别提高了 193.54%、222.80%、239.73%、221.25%,比 AMC 技术分别提高了 10.29%、21.30%、27.65%、20.70%。

第8章 适用于卫星数据传输的无速率码编码方法

本书旨在将无速率码应用于卫星数据传输系统中以提升数据传输效率,因此设计一种具有优良 BER 性能的无速率码对系统的性能有着重要作用。实际上,LT 码的结构直接决定了其 BER 性能,只有通过改变编码算法才能优化 LT 码的结构分布,从而降低误码平台。因此本章主要从编码的角度设计改善误码平台的算法。首先研究 LT 码存在误码平台的原因,得到消除小度数值信息节点可以改善误码平台的结论。然后,以此为依据提出了基于节点分类选择的编码算法和随机边扩展编码算法。最后,通过仿真分析 AWGN 信道中误码平台的改善情况和星地链路余量利用率的变化情况,验证算法的有效性。

8.1 误码平台对卫星数据传输影响及原因分析

8.1.1 误码平台对链路余量利用率的影响

LT 码的误码平台对自适应数据传输最大的影响在于:会降低链路余量的利用率。定义链路余量利用率 η_L 为:某一调制方式下,当前时刻实际发送的有效比特数与系统所能承载的最大有效比特数的比值。定义最大有效比特数 k_{max} 为:当前信噪比下每个调制符号中最多能够包含的有效比特个数,即为香农极限,单位为 bits/符号。因此,链路余量利用率 η_L 为

$$\eta_L = \frac{R \log_2 M_0}{k_{max}} \qquad (8-1)$$

下面通过仿真分析误码平台对 η_L 的影响。仿真参数如下:LT 码长度为 $K = 256$,调制方式为 BPSK,BER 标准为 10^{-5},接收端信噪比 E_s/N_0 的变化

区间为[0 dB，10 dB]，采用的度分布为

$$\Omega(x) = 0.04x + 0.495x^2 + 0.167x^3 + 0.08x^4 + 0.07x^5$$
$$+ 0.039x^8 + 0.025x^9 + 0.035x^{19} + 0.049x^{25} \qquad (8-2)$$

仿真结果如图 8-1 所示。可以看出，在信噪比区间[0 dB，4 dB]，系统所能承载的最大有效比特数也在不断变大，LT 码能够达到的有效比特数也在增加。这说明：① 调制符号中的有效比特数尚未达到 BPSK 极限；② LT 码尚未到达误码平台区域，码率值还可以随着信噪比的增加而降低。在信噪比区间[7 dB，10 dB]内，系统所能承载的最大有效比特数不再增加，而从 4 dB 开始 LT 码的有效比特数就已不再增加。这说明：调制符号中的有效比特数达到 BPSK 极限之前，LT 码便已达到误码平台区域，码率值无法随着信噪比的增加而降低，只能维持在一定的范围。显然，即使信噪比足够大，LT 码依然需要相同冗余长度的编码数据以维持一定的 BER 标准，这就使得 LT 码的链路余量利用率 η_L 没有随着信噪比的提升而增加，反而处于较低的水平，造成了链路余量的浪费。

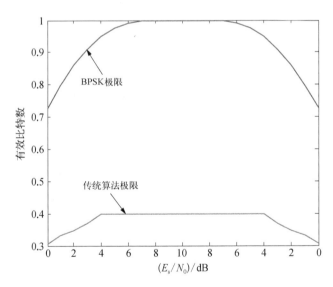

图 8-1 $K=256$ 时有效比特数随信噪比的变化情况

8.1.2 噪声信道中 LT 码形成误码平台的原因

作为第一种实用的无速率码，LT 码在 AWGN 信道中的 BER 性能不佳，存

在明显的误码平台现象,且会造成链路余量利用率偏低的问题。为了解决这个问题,本小节首先对 LT 码在 AWGN 信道中形成误码平台的原因进行分析。

外信息传递(EXIT)理论可以用来分析 LT 码的收敛特性[15]。假设编码比特 w 经过 BPSK 调制后得到调制信号 x, x 经过 AWGN 信道进行传输,得到接收信号 $y = x + n$,其中 n 为均值为 0,方差为 σ^2 的复高斯白噪声。将 LT 码的译码器分为信息节点译码器(information node decoder, IND)、校验节点译码器(check node decoder, CND)和编码节点译码器(encode node decoder, END),则 LT 码的译码过程可以看作 LLR 信息在 IND、CND 和 END 之间的传递更新。定义函数 $J(\sigma)$ 为 LLR 信息与编码符号之间的互信息,满足

$$J(\sigma) = 1 - \frac{1}{\sqrt{2\pi}\,\sigma} \int_{-\infty}^{+\infty} e^{-\frac{(\xi - \sigma^2/2)^2}{2\sigma^2}} \log_2(1 + e^{-\xi})\,\mathrm{d}\xi \qquad (8-3)$$

函数 $J(\sigma)$ 为单调递增函数,满足 $J(0) = 0$, $J(\infty) = 1$,且存在单调递增的反函数 $\sigma = J^{-1}(I)$,满足 $J^{-1}(0) = 0$, $J^{-1}(1) = \infty$。定义 $I_{E,1}$ 为 IND 的输出外信息,$I_{E,C}$ 为 CND 的输出外信息,$I_{E,E}$ 为 END 的输出外信息;$I_{E,C \to I}$ 为 CND 传递给 IND 的先验输入信息,$I_{A,E \to C}$ 和 $I_{A,I \to C}$ 为 END 和 IND 传递给 CND 的先验输入信息。它们之间的关系为: $I_{E,1} = I_{A,I \to C}$、$I_{E,C} = I_{E,C \to I}$、$I_{E,E} = I_{A,E \to C}$。LT 码的 EXIT 模型如图 8-2 所示。若令 $I_{E,E}(I_{A,E \to C}) = x$,$I_{E,1}(I_{A,I \to C}) = y$, $I_{E,C \to I} = z$,令 l 表示迭代次数,则 LT 码的三种节点的 EXIT 函数为

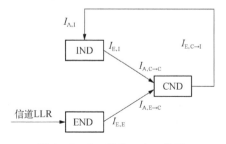

图 8-2　LT 码的 EXIT 模型

$$x^l = J(\sqrt{4/\sigma^2}) \qquad (8-4)$$

$$y^l = \sum_{i=1}^{d_v} \lambda_i J(\sqrt{(i-1)[J^{-1}(z^{(l-1)})]^2}) \qquad (8-5)$$

$$z^l = 1 - \sum_{j=1}^{d_c} \rho_j J(\sqrt{(j-1)[J^{-1}(1-y^l)]^2 + [J^{-1}(1-x^l)]^2}) \qquad (8-6)$$

其中 d_c 为最大校验节点度数值;d_v 为最大信息节点度数值;ρ_j 是度数值为 j 的校验节点、占总校验节点个数的比例。根据上述表达式,外信息的收敛过程如下:

（1）第零次迭代，即初始时，$z^0 = 0$；

（2）第一次迭代时，$x^1 = J(4/\sigma^2)$，$y^1 = 0$，z^1 获得来自 x^1 的非零先验信息，CND 的输出外信息得到更新，END 的输出外信息不变；

（3）第二次迭代时，y^2 获得来自 z^1 的非零先验信息，z^2 同时获得来自 y^2 和 x^2 的非零先验信息，IND 和 CND 的输出外信息都得到更新，END 的输出外信息不变；

……

（4）当迭代次数 $l \to \infty$ 时，IND 和 CND 的输出外信息趋于稳定值，END 的输出外信息仍然不变。

根据 EXIT 理论，只有当 y^l 和 z^l 随着 $l \to \infty$ 能够收敛于 1 时，LT 码的 BER 会降低至 0。然而，由于 END 的输出外信息，即传递至 CND 的先验信息是由信道噪声方差直接决定的常数，这就使得 y^l 和 z^l 的值始终无法收敛于 1，这可以通过反证法来证明。

证明：当 $l \to \infty$ 时，y^l 和 z^l 的值无法收敛于 1

假设命题不真，则有 $y^l = 1$，$z^l = 1$

所以，将 $y^l = 1$ 代入式（8-6）可得

$$z^l = 1 - \sum_{j=1}^{d_c} \rho_j J\left(\sqrt{[J^{-1}(1-x^l)]^2}\right) = x^l = J(4/\sigma^2)$$

当噪声方差 $\sigma^2 \neq 0$ 时，$J(4/\sigma^2) \neq J(\infty)$

又有：$J(\infty) = 1$

所以 $z^l \neq 1$，这与假设 $z^l = 1$ 相矛盾

所以：当 $l \to \infty$ 时，y^l 和 z^l 的值无法收敛于 1。

上述过程从外信息的角度分析了 LT 码的 BER 无法趋近于 0 的原因，LT 码在 AWGN 信道下的平均 BER 具有下限：

$$P_e \geqslant \sum_{i=1}^{d_v} \Lambda_i Q\left(\frac{\sqrt{i(4/\sigma^2)}}{2}\right) \tag{8-7}$$

其中，$Q(\cdot)$ 表示标准正态分布的右尾函数（互补累计分布函数）。

综上所述，可以得到以下结论。

（1）LT 码存在误码平台的根本原因在于：编码节点的输出外信息不会随着迭代而更新。这是由 LT 码的结构特点所决定的，因此 LT 码的误码平

台无法消除。

（2）影响 LT 码 BER 性能的直接原因在于：存在小度数值的信息节点。根据 LT 码的平均 BER 可知，信息节点的度数值 i 越小，对 BER 的贡献越大，误码平台越严重。

8.2　基于节点分类选择的编码算法及性能分析

根据前面的分析可知，LT 码的误码平台会降低链路余量利用率，造成资源的浪费，这为改善 LT 码的误码平台提供了立足点。另外，从 8.1.2 节的定量分析中得知，小度数值信息节点的存在对 BER 起着显著作用，这为改善误码平台提供了思路：可以通过改进 LT 码的编码算法以消除小度数值的信息节点，从而提升 LT 码的 BER 性能。

传统编码算法中，校验节点通过随机选择的方式选取与之相连的信息节点，从而使得信息节点的度数值近似服从泊松分布[8]，因此，在大量重复实验时总会存在一些度数值较小的、可靠性较低的信息节点。为了解决这个问题、达到改善误码平台的目的，本节考虑通过改变传统算法中随机选择信息节点的方式来消除小度数值的信息节点。

8.2.1　分类顺序选取信息节点的编码算法

选取信息节点可以采取一种简单的编码方式：控制可选信息节点的范围，使校验节点每次都从某一种或某几种度数较低的信息节点中选取。因此，本节采取了先将信息节点分类，然后再从不同类中顺序选取的方式，具体步骤见算法 1。

算法 1：分类选取信息节点的编码算法

输入：初始化所有信息节点的度数为 $0°$，定义为 $S_l(0 \leq l \leq N)$ 度数值等于 l 的所有信息节点构成的集合，其中非空集合个数为 n。
输出：编码比特 $\boldsymbol{w} = \{w_1, w_2, \cdots, w_N\}$
编码过程：
for　$j = 1, \cdots, N$
　第一步：
　　从给定的度分布函数 $\Omega(x)$ 中依概率生成度数值 d；

（续表）

算法 1：分类选取信息节点的编码算法

第二步：
  if $d < n$
    从前 d 种非空集合中均按序选取第 1 个信息节点，共计 d 个；
  else if $d = n$
    从 n 种非空集合中均按序选取第 1 个信息节点，共计 d 个；
  else if $d > n$
    从 n 种非空集合中随机选取 d 个信息节点；
  end if
第三步：
  将选中的 d 个信息节点进行异或运算，并将结果赋值给编码比特 c_j；
第四步：
  更新所有信息节点集合及非空集合个数 n；
end

  算法 1 按度数值将信息节点分类成若干个信息节点集合，并在编码过程中实时更新每个集合。校验节点是从前 d 种集合中选取第一个信息节点与之相连，而不是像传统算法中那样从所有信息节点中随机选择。采取算法 1 进行编码，实际上是优先选取当前度数值较低的信息节点，在生成个数大于 K 的校验节点后，小度数值的信息节点必不存在，且编码长度越长，信息节点的起始度数值越大。算法 1 消除了小度数值的信息节点，提高了中等度数值信息节点的比例，从而能达到改善误码平台的目的。

  为了验证算法 1 的有效性，对传统算法及算法 1 在 BIAWGN 信道中的性能进行仿真对比。所有结果均通过 1 000 000 次蒙特卡罗仿真得到，采用 BP 译码算法时的最大迭代次数均设置为 50 次，LT 码的码长分别为 $K = 128$、$K = 256$、$K = 512$，对应的校验节点度分布分别为

$$\Omega_1(x) = 0.06x + 0.495x^2 + 0.16x^3 + 0.08x^4 + 0.05x^5$$
$$+ 0.037x^8 + 0.02x^9 + 0.04x^{16} + 0.058x^{19} \tag{8-8}$$

$$\Omega_2(x) = 0.04x + 0.495x^2 + 0.167x^3 + 0.08x^4 + 0.07x^5$$
$$+ 0.039x^8 + 0.025x^9 + 0.035x^{19} + 0.049x^{25} \tag{8-9}$$

$$\Omega_3(x) = 0.025x + 0.495x^2 + 0.167x^3 + 0.082x^4 + 0.071x^5$$
$$+ 0.05x^8 + 0.044x^9 + 0.043x^{19} + 0.023x^{66} \tag{8-10}$$

  首先，在固定信噪比 $E_s/N_0 = 0$ dB 时对上述不同长度 LT 码的 BER 随码

率值的变化情况进行仿真,见图 8－3。图中细实线为传统算法的结果,粗虚
线为算法 1 的结果,两种曲线从上至下分别代表 $K = 128$、$K = 256$、$K = 512$。
可以看出,在相同条件下,算法 1 最多可将 BER 减少近 2 个数量级,较大程
度地降低了 LT 码的误码平台,提高了 LT 码的译码成功概率。另外,算法 1
在任意码长和任意校验节点度分布下均能实现 BER 性能的提升,且码长越
长,算法的增益越大。

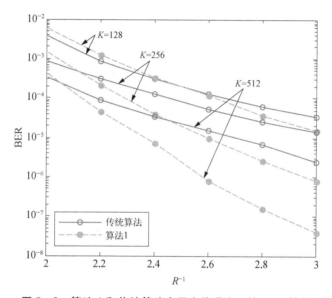

图 8－3　算法 1 和传统算法在固定信噪比下的 BER 性能

其次,在固定码率 $R = 1/2$ 时对不同长度 LT 码的 BER 随信噪比变化情
况进行仿真,见图 8－4。图中曲线分布情况与图 8－3 相同。可以看出,算
法 1 具有更为优良的 BER 性能,也能获得更大的编码增益。以 $K = 512$ 为
例,传统算法在 5 dB 时的 BER 与算法 1 在 1.5 dB 时的 BER 相近,即算法 1
能够将 LT 码性能提升将近 3.5 dB。类似,其他两种情况下的增益分别近似
为 2.3 dB、3.2 dB,说明算法 1 对任意范围的信噪比均能适用。

8.2.2　分类部分随机选取信息节点的编码算法

虽然算法 1 提高了信息节点的度数值,降低了误码平台,但是仍存在以下
问题:由于每次选取各集合中的第一个信息节点,因此编码后的矩阵具有比较
规则的形式,一定程度上破坏了 LT 码的随机性,从而说明算法 1 中顺序选取
信息节点的方式并不是最优。为此,本节对算法 1 进行改进,如算法 2 所示。

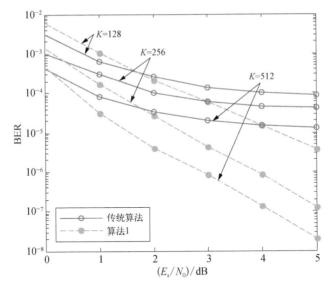

图 8 - 4　算法 1 和传统算法在固定码率值下的 BER 性能

算法 2：分类部分随机选取信息节点的编码算法

输入：初始化所有信息节点的度数为 0°，定义为 $S_l(0 \leqslant l \leqslant N)$ 度数值等于 l 的所有信息节点构成的集合，其中非空集合个数为 n。

输出：编码比特 $\boldsymbol{w} = \{w_1, w_2, \cdots, w_N\}$

编码过程：

for $j = 1, \cdots, N$

 第一步：
  从给定的度分布函数 $\Omega(x)$ 中依概率生成度数值 d；

 第二步：
  if $d < n$
   从前 d 种非空集合中各随机选取 1 个信息节点，共计 d 个；
  else if $d = n$
   从 n 种非空集合中各随机选取 1 个信息节点，共计 d 个；
  else if $d > n$
   从 n 种非空集合中随机选取 d 个信息节点；
  end if

 第三步：
  将选中的 d 个信息节点进行异或运算，并将结果赋值给编码比特 c_j；

 第四步：
  更新所有信息节点集合及非空集合个数 n；

end

与算法 1 类似，算法 2 同样按度数值将信息节点分类成若干个信息节点集合，并实时更新每个集合。不同的是，算法 2 改变了算法 1 中选择信息节点的方式：将选取集合中第一个信息节点改为从该集合中随选取一个信息

节点,这就使得生成矩阵中信息节点的分布具有随机性。图 8 - 5 给出了采用算法 1 和算法 2 时的生成矩阵,其中 $K = 128$, 度分布为 $\Omega_1(x)$, 码率为 $R = 1/2$。 可以看出,算法 1 的生成矩阵与 PEG 算法产生的规则 LDPC 的校验矩阵具有类似的分布特点,而算法 2 的生成矩阵中"点"的分布完全是随机的,这就确保了 LT 码迭代译码时信息节点与校验节点之间传递信息的无关性,有利于译码性能的提升。

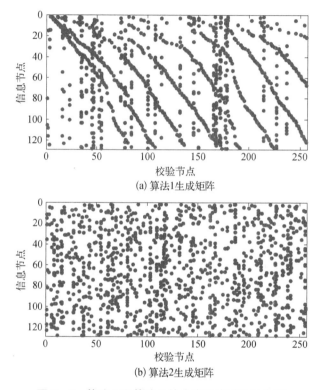

(a) 算法1生成矩阵

(b) 算法2生成矩阵

图 8 - 5　算法 1 和算法 2 的生成矩阵对比示意图

为了验证算法 2 的有效性,对传统算法及算法 2 在 BIAWGN 信道中的性能进行仿真对比。所有仿真参数与仿真条件均与 8.2.1 节中相同。

首先,在固定信噪比 $E_s/N_0 = 0\,\mathrm{dB}$ 时对上述不同长度 LT 码的 BER 随码率值的变化情况进行仿真,见图 8 - 6。图中曲线分布情况与图 8 - 3 相同。可以看出,在相同条件下算法 2 也较大程度地降低了 LT 码的误码平台,能够以更小的译码开销达到更低的 BER,提升了 LT 码的性能。对比图 8 - 3 可知,算法 2 可在算法 1 的基础上进一步降低 BER,因此,在固定信噪比下,算法 2 具有更优良的译码性能。

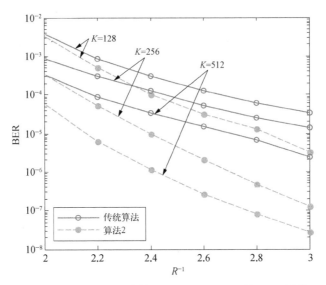

图 8-6　算法 2 和传统算法在固定信噪比下的 BER 性能

　　其次,在固定码率 $R = 1/2$ 时对不同长度 LT 码的 BER 随信噪比变化情况进行仿真,见图 8-6,图中曲线分布情况与图 8-3 相同。可以看出,算法 2 具有比传统算法更大的编码增益。三种情况下下的增益分别近似为 3.1 dB、4 dB、4.6 dB。显然,算法 2 在固定码率值下获得的编码增益均大于算法 1,差值分别为 0.8 dB、0.8 dB、1.1 dB。换言之,算法 2 的性能要优于

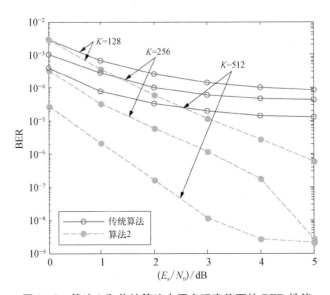

图 8-7　算法 2 和传统算法在固定码率值下的 BER 性能

算法 1,从而验证了本节提出算法 2 的正确性。

8.2.3　分类完全随机选取信息节点的编码算法

算法 2 对算法 1 中信息节点的选择方式做了改进,确保了 LT 码生成矩阵的随机性,因而获得更优良的性能。这就给本书新的启发:是否可以进一步改进算法 2,以获得更优的 BER 性能?

这显然是可以的,改进的立足点在于:按照算法 2 的操作,实际上是强制要求每个集合中都必须贡献一个信息节点。但是,每个集合中信息节点的个数不同,靠前的集合中信息节点的度数值更低、数量更多,应优先从靠前的集合中选取更多的信息节点,以快速减少小度数信息节点的个数。

为此,本节对算法 2 再次进行改进,如算法 3 所示。显然,算法 3 的操作要比算法 1 和算法 2 都要简便:不需要对每个集合中的信息节点进行单独选取,而是在前 d 个集合中等概率选取信息节点。实际上,前 d 个集合中低度数值的信息节点所占的比例往往很高,因此,这样的选取方式可以使得每个校验节点都能以较大的概率连接至低度数信息节点,从而更快地消除低度数信息节点,达到改善误码平台的目的。

算法 3:分类完全随机选取信息节点的编码算法

输入:初始化所有信息节点的度数为 $0°$,定义为 $S_l (0 \leqslant l \leqslant N)$ 度数值等于 l 的所有信息节点构成的集合,其中非空集合个数为 n。

输出:编码比特 $\boldsymbol{w} = \{w_1, w_2, \cdots, w_N\}$

编码过程:

for　$j = 1, \cdots, N$

　第一步:

　　从给定的度分布函数 $\Omega(x)$ 中依概率生成度数值 d;

　第二步:

　　if $d < n$

　　　从前 d 种非空集合中随机选取 d 个信息节点;

　　else if $d \geqslant n$

　　　从 n 种非空集合中随机选取 d 个信息节点;

　　end if

　第三步:

　　将选中的 d 个信息节点进行异或运算,并将结果赋值给编码比特 c_j;

　第四步:

　　更新所有信息节点集合及非空集合个数 n;

end

为了验证算法 3 的有效性,对传统算法及算法 3 在 BIAWGN 信道中的性能进行仿真对比。所有仿真参数与仿真条件均与 8.2.1 节中相同。

首先,在固定信噪比 $E_s/N_0 = 0$ dB 时对上述不同长度 LT 码的 BER 随码率值的变化情况进行仿真,见图 8-8。图中曲线分布情况与图 8-3 相同。可以看出,在相同条件下算法 3 也较大程度地降低了 LT 码的误码平台,提升了 LT 码的 BER 性能。以 $K = 512$ 为例进行分析,对比图 8-3 和图 8-6 可知,若要使 BER 达到 10^{-6},三种算法所需的译码开销分别为 2.6、2.4、2.3,说明算法 3 能够使 LT 码以最高的码率达到相同的 BER 性能,从而可以在相同的时间内传输更多的有效数据,提高了数据传输效率。

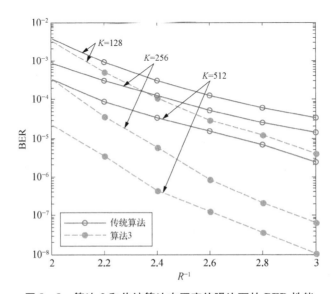

图 8-8　算法 3 和传统算法在固定信噪比下的 BER 性能

其次,在固定码率 $R = 1/2$ 时对不同长度 LT 码的 BER 随信噪比变化情况进行仿真,见图 8-9。图中曲线分布情况与图 8-3 相同。可以看出,算法 3 具有比传统算法更大的编码增益。以 $K = 512$ 为例进行分析,对比图 8-4、图 8-7 和图 8-9 可知,若要使 BER 达到 10^{-8},三种算法所需的信噪比约为 4.2 dB、2.3 dB、1.7 dB。显然,算法 3 在固定码率值下具有最高的编码增益,从而验证了本节提出算法 3 的正确性。

8.2.4　仿真结果与分析

1. 误码平台的改善效果分析

为便于观察,将三种算法的 BER 曲线进行合并比较,如图 8-10~图 8-12 所示。可以看出,无论是在固定信噪比或者固定码率值的情况下,算法 3 都

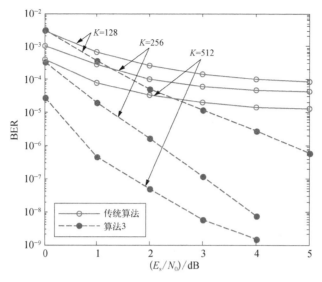

图 8 - 9　算法 3 和传统算法在固定码率值下的 BER 性能

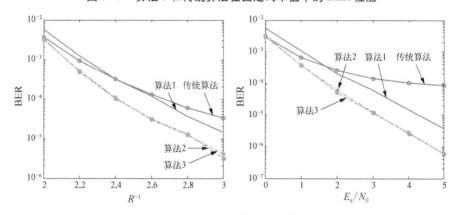

图 8 - 10　$K = 128$ 时四种算法的性能比较示意图

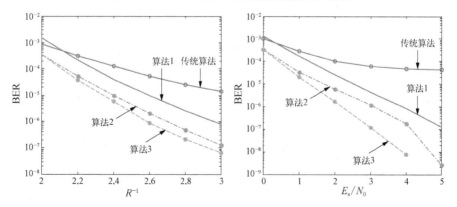

图 8 - 11　$K = 256$ 时四种算法的性能比较示意图

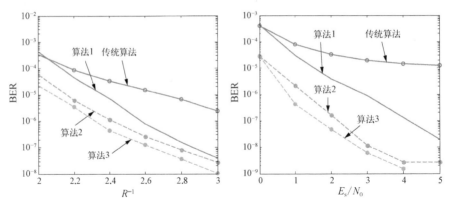

图 8-12　$K=512$ 时四种算法的性能比较示意图

具有最低的误码平台。其原因在于,算法 3 对 LT 码随机性的破坏程度是最低的。

将信息节点分类进行选择实际上是对编码过程进行强制操作,已经在一定程度上破坏了 LT 码的随机性,而算法 1 在此基础上,又要求选择前 d 个集合中序号最小的信息节点,使得 LT 码的 Tanner 图呈现出规则分布趋势,限制了 LLR 信息的传递范围,注入了无法通过迭代消除的错误,因此其 BER 性能相对较差。

算法 2 则在算法 1 的基础上弥补了信息节点选择的随机性,但只发生在前 d 个集合的内部,这种局部的随机选取方式没有考虑所有信息节点的度数分布情况,消除小度数信息节点的速度有限,因此,尽管其 BER 性能优于算法 1,但仍不是最好的。

算法 3 在算法 2 的基础上,进一步将这种随机性扩大至前 d 个集合中的所有信息节点,能够以最快的速度消除所占比例最多的信息节点,具有自适应的节点选择功能,因此具有最优的 BER 性能。

2. 对链路余量利用率的影响

本节中的三种编码算法均不同程度改善了 LT 码的误码平台现象,从而也可以不同程度地提高 η_L。仿真参数如下:LT 码的长度为 $K=256$,度分布采用 $\Omega_2(x)$,BER 标准为 10^{-7},送端调制方式为 BPSK,发送功率归一化为 1,接收端信噪比的变化区间为 $[0\ \text{dB},\ 5\ \text{dB}]$。仿真结果如图 8-13 和图 8-14 所示。

从图 8-13 中可以看出,改进算法的调制符号携带的有效比特数均要大于传统算法,且进入误码平台区域时的信噪比更大,如传统算法约为 2.5 dB,

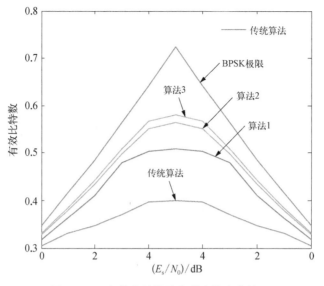

图 8 - 13 有效比特数随信噪比的变化情况

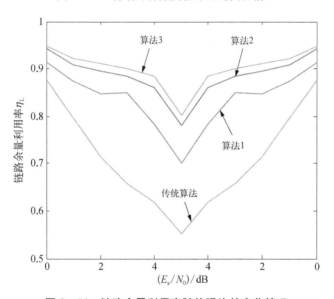

图 8 - 14 链路余量利用率随信噪比的变化情况

算法 1 约为 3 dB,算法 2 和算法 3 约为 4 dB,这说明三种改进算法能够更加有效地对抗信道噪声干扰,以更小的冗余比特数实现更优的 BER 性能。但是,改进算法有效比特数的变化趋势与传统算法相同,均是先增加而后达到相对平缓的误码平台区域,这说明改进算法也只能改善误码平台现象,而无法消除由 LT 码自身结构引起的误码平台。

从图 8 - 14 可以看出,三种改进算法的 η_L 值均大于传统算法,但在误码平台区域的 η_L 值也存在较大程度的下降。如算法 1,在 $E_s/N_0 \approx 3\,dB$ 时,η_L 值便已开始下降,这是因为 $E_s/N_0 > 3\,dB$ 时算法 1 的有效比特数 $R\log_2 M_0$ 基本不再增加,而 BPSK 极限 k_{max} 仍在增加,根据式(8 - 1)可知,η_L 的值必然会随信噪比的增加而减小。对于算法 2 而言,在 $E_s/N_0 \approx 4\,dB$ 时 η_L 值方才开始减小,且在误码平台区的 η_L 值高于算法 1 约 10%。对于算法 3 而言,η_L 值则高于算法 1 约 13%,这说明算法 3 对链路余量的利用率是最高的。

8.3   基于随机边扩展的编码算法及其性能分析

在卫星数据传输中,通常以一定值的 BER 为标准,如 10^{-7},这就要求能够通过定量分析来预测某种算法在给定参数下的性能。但是,上述三种算法的前提都是按度数值大小将信息节点分类成若干个集合,并且在编码过程中每个集合都是实时动态更新的,这样就产生了一个问题:编码后信息节点的度分布不再服从泊松分布,且无法采用数学理论给出定量分析。这不利于对算法的收敛性分析,且无法预测算法能够达到的 BER 性能,限制了算法的使用。因此,本节以上述三种算法为启发,设计一种便于定量分析、且能达到相同提升效果的改进算法。

8.3.1   算法的立足点和具体操作步骤

1. 算法的立足点

8.2 节中的三种改进编码算法不同程度地改善了 LT 码的误码平台现象,提高了链路余量利用率,其共同特点在于:

(1)算法是对编码过程进行控制,通过"引导"的方式使校验节点主动选取低度数值的信息节点与之相连;

(2)编码过程中每个集合中包含哪些信息节点、包含多少个信息节点均是随机事件,无法用概率值来提供准确结果。

这就无法推导出三种改进算法在给定参数下的信息节点度分布,从而无法预测算法能够达到的 BER 性能。为了解决这个问题,本节从以下角度进行优化:

（1）不改变编码过程，而是对传统算法的编码结果进行优化调整；

（2）能够推导出任意参数下的信息节点度分布和校验节点度分布，实现理论可达的任意 BER。

上述两个约束条件就是本节设计的一种新的编码算法——随机边扩展编码算法的立足点。

2. 算法的具体步骤

算法的具体步骤如下。

算法 4：随机边扩展编码算法

输入：1. 阈值：T_c
　　　 2. 度分布：$\Omega(x)$
　　　 3. 生成矩阵：$G_{K \times N} = \mathbf{0}$

输出：编码比特 $w = \{w_1, w_2, \cdots, w_N\}$，$G_{K \times N}$

编码过程：

第一步：
　for　$j = 1, \cdots, N$
　（1）根据度分布函数依概率生成度数值 d；
　（2）从 K 个信息节点中随机抽取 d 个与第 j 个校验节点相连接，更新生成矩阵 $G_{K \times N}$ 的第 j 列。
　end

第二步：
　（1）选出度数值小于 T_c 的信息节点，假设共有 m 个，组成集合 S_1，度数分别为 $d_{v(1)}, \cdots,$
　　　　$d_{v(m)}$；
　（2）选出度数值大于或者等于 3 的校验节点，组成集合 S_2；
　（3）for $i = 1, \cdots, m$
　　　　a）剔除集合 S_2 中与第 i 个信息节点存在连接关系的校验节点；
　　　　b）从集合 S_2 中随机选择 $T_c - d_{v(i)}$ 个校验节点，并与集合 S_1 中的第 i 个信息节点相连接；
　　　　c）更新矩阵 $G_{K \times N}$，重置集合 S_2；
　　　end

第三步：
　将 K 个信息比特与第二步中得到的生成矩阵 $G_{K \times N}$ 相乘，得到编码比特 w

算法 4 中，第一步是将信息比特按照传统编码算法进行编码。第二步是对编码后的信息节点和校验节点之间的连接关系进行调整优化，通过设定阈值 T_c 消除了度数值小于 T_c 的信息节点，使得绝大多数信息节点的度数值变成 T_c。另外，算法 4 的第二步没有对度数值大于 T_c 的信息节点做处理，因此并未改变度数值大于 T_c 的信息节点的比例，使得这部分信息节点的度数值仍然服从泊松分布。显然，阈值 T_c 决定了算法 4 的性能，下文将给出 T_c 的设计方法和设计结果。

8.3.2 校验节点的选择原则

1. 算法的优点

算法 4 中,实际上是对度数值小于 T_c 的信息节点人为地添加了若干个与之相连的校验节点,这样处理的好处在于:

(1) 消除了低度数信息节点,满足了降低误码平台的要求;

(2) 将信息节点的度数分布函数从泊松分布变为半泊松分布,便于分析和处理。

称为半泊松分布的原因是,算法 4 的第二步将原有泊松分布中位于 T_c 左侧的所有概率值均叠加至 T_c 处,如图 8 – 15 所示。但是,这是以改变校验节点度分布为代价的。

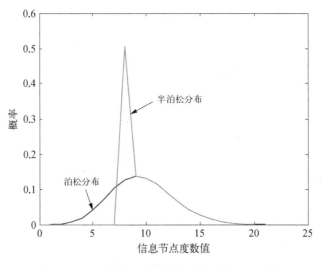

图 8 – 15　阈值为 8 时的信息节点度分布示意图

2. 待选校验节点应满足的条件

算法 4 的第二步中并不是将所有校验节点都作为待选对象供信息节点选取,集合 S_2 中的校验节点应满足如下条件:

(1) 度数值不等于 1 和 2;

(2) 与当前待处理的信息节点不存在连接关系。

1) 满足条件 1 的原因

本小节以实例对 LT 码的详细译码过程进行分析,如图 8 – 16 所示。图 8 – 16(a)中,在第一次迭代时,所有信息节点传递给校验节点的 LLR 信息均为 0；校验节点 c_4 则将其获得的来自信道的 LLR 信息 L_{ch}^4 传递给信息节点 v_2，其余校验节点传递给信息节点的 LLR 信息均为 0。第二次迭代时，v_2 将第一次迭代时获得的来自 c_4 的 LLR 信息传递给与之相连接的 c_1、c_2 和 c_3，c_1、c_2 和 c_3 则将接收到的 LLR 信息经过处理后传递给 v_1、v_3 和 v_4。自此，所有信息节点均获得了非 0 值 LLR 信息。译码器将继续进行若干次迭代直至所有信息节点都被准确恢复或者达到最大迭代次数，此次译码完成。

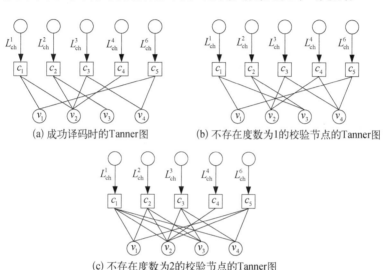

(a) 成功译码时的 Tanner 图　　(b) 不存在度数为 1 的校验节点的 Tanner 图

(c) 不存在度数为 2 的校验节点的 Tanner 图

图 8 - 16　LT 码迭代译码过程示意图

从对图 8 - 16(a)所示译码过程的分析中可以看出：一方面，度数为 1 的校验节点的存在使得译码过程能够正常启动，如图 8 - 16(b)中，不存在度数为 1 的校验节点，因此每次迭代时信息节点和校验节点之间传递的 LLR 信息均为 0，译码失败；另一方面，度数为 2 的校验节点的存在使得 LLR 信息能够传递出去，如图 8 - 16(c)中，虽然校验节点 c_4 确保了译码的正常启动，但由于与 v_2 相连的校验节点的度数均不为 2，因此 v_2 获得的 LLR 信息无法传递至 v_1、v_3 和 v_4，导致译码失败。

综上所述，度数为 1 和 2 的校验节点应始终存在且保持固定的比例，以确保译码过程的顺利进行。因此，算法 4 的集合 S_2 中不应包含度数为 1 和 2 的校验节点。

2）满足条件 2 的原因

对某一度数不为 0 的信息节点而言，如果集合 S_2 中包含了其已连接的

校验节点,那么在随机选择校验节点时仍有可能再次选中该校验节点,因而会造成如下结果:

(1)在译码过程中,相同的 LLR 信息会传递两次,增加了译码复杂度;

(2)重复连接至相同的校验节点,并没有提高该信息节点的实际度数值,与预期效果不符。

因此,算法 4 的第二步中为每个信息节点添加度数时,应剔除集合 S_2 中与该信息节点已存在连接关系的校验节点。

8.3.3　信息节点和校验节点度分布函数的推导

本节提出算法 4 的初衷是为了能够用完整的数学理论预测、分析 LT 码的性能变化情况,达到以最小的开销实现最大性能提升的目的。分析 LT 码译码过程中信息传递的有效工具是 EXIT 图法,而 EXIT 图法的关键在于获取信息节点和校验节点基于边的度数分布,但是算法 4 改变了信息节点和校验节点的原有度分布。因此,有必要推导采用算法 4 编码后的信息节点和校验节点的度分布,以便于采用 EXIT 图法进行分析。

1. 信息节点度分布函数的推导

传统编码算法中,在随机选择信息节点方式的作用下,信息节点的度数值服从二项分布,定义为 $\Lambda(x) = \sum_{i=0}^{d_v} \Lambda_i x^i$,且满足 $\sum_{i=0}^{d_v} \Lambda_i = 1$。其中 Λ_i 表示信息节点度数为 i 的概率,为

$$\Lambda_i = \binom{N}{i} \left(\frac{\beta}{K} \right)^i \left(1 - \frac{\beta}{K} \right)^{N-i} \qquad (8-11)$$

其中,K 为信息比特个数;N 为检验比特个数;β 为校验节点的平均度数。根据数学原理,信息节点的度数分布实际上可以近似看作以 α 为均值和方差的泊松分布,即度数为 i 的信息节点的个数所占的比例近似为

$$\Lambda_i = \frac{\alpha^i}{i!} e^{-\alpha} \qquad (8-12)$$

算法 4 的第一步实际上仍是传统编码算法,第二步是人为地增加了度数值小于阈值 T_c 的信息节点的度数。这样的处理方法能实现如下效果:

(1)消除了所有度数值小于 T_c 的信息节点,并将这些信息节点对应的 Λ_i 值全部累加至 Λ_{T_c} 处;

（2）不改变所有度数值大于 T_c 的信息节点，即 Λ_{T_c+1} 至 Λ_{d_v} 的值与原有泊松分布相同。

基于上述两个结论，可推导得到新的信息节点度分布，本书称其为半泊松度分布。定义其为 $\Lambda_n(x) = \sum_{i=0}^{d_v} \Lambda_i^{(n)} x^i$，则 $\Lambda_n(x)$ 中度数为 T_c 的信息节点所占的比例为

$$\Lambda_{T_c}^{(n)} = \sum_{i=1}^{T_c} \Lambda_i \qquad (8-13)$$

则完整的 $\Lambda_n(x)$ 为

$$\Lambda_n(x) = \Lambda_{T_c}^{(n)} x^{T_c} + \sum_{i=T_c+1}^{d_v} \Lambda_i x^i \qquad (8-14)$$

进一步，将式（8-12）和式（8-13）代入式（8-14）可得

$$\Lambda_n(x) = \left(\sum_{i=0}^{T_c} \frac{\alpha^i}{i!} e^{-\alpha} \right) x^{T_c} + \sum_{i=T_c+1}^{d_v} \frac{\alpha^i}{i!} e^{-\alpha} x^i \qquad (8-15)$$

2. 算法的编码过程分析

算法 4 的第二步中，数目固定的信息节点随机选取若干个校验节点与之相连，这就为校验节点增加了额外的边数。在第一步结束后，需要参与第二步操作的信息节点的个数为

$$K_a = K \sum_{i=0}^{T_c-1} \Lambda_i \qquad (8-16)$$

其中，含有 T_c 种度数值的信息节点分别为 $0, 1, 2, \cdots, T_c - 1$。需要参与第二步操作的校验节点的个数为

$$N_a = N(1 - \Omega_1 - \Omega_2) \qquad (8-17)$$

定义此 K_a 个信息节点构成的集合为 V_a，N_a 个校验节点构成的集合为 C_a。根据算法 4 的要求，需要对集合 V_a 中的信息节点添加足够多的边数，具体操作为：对集合 V_a 中每个度数为 $i_a(0 \leq i_a \leq T_c - 1)$ 的信息节点 v_{i_a} 添加 $T_c - i_a$ 条边，即从集合 C_a 中随机选取 $T_c - i_a$ 个校验节点连接至 v_{i_a}。需要注意的是，v_{i_a} 在选取校验节点时，不会重复选取与其已存在连接关系的那些校验节点。该过程的一个示例如图 8-17 所示。

以图 8-17 为例，对算法 4 的第二步进行详细说明。假设第一步完成后

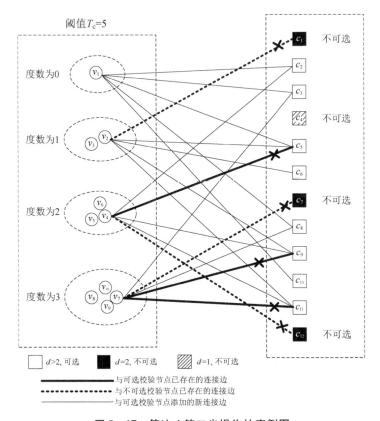

图 8-17 算法 4 第二步操作的实例图

共存在 4 种度数的信息节点,共计 10 个,现需对这 10 个信息节点进行添加边处理。设定阈值 T_c 为 5,定义度数大于 2 的校验节点为可选节点,其余为不可选节点。

(1) 对度数为 0 的信息节点 v_1 而言,其从所有可选节点中随机选取 5 个与之相连,分别为 c_2、c_3、c_5、c_8、c_{10}。

(2) 度数为 1 的信息节点中以 v_2 为例,与 v_2 存在已有连接关系的是不可选节点 c_1,故而 v_2 从所有可选节点中随机选取 4 个与之相连,分别为 c_5、c_6、c_9、c_{11}。

(3) 度数为 2 的信息节点中以 v_4 为例,与 v_4 存在已有连接关系的是可选节点 c_5 和不可选节点 c_{12},故而 v_4 只能从除 c_5 之外的所有可选节点中随机选取 3 个与之相连,分别为 c_2、c_9、c_{11}。

(4) 度数为 3 的信息节点中以 v_7 为例,与 v_7 存在已有连接关系的是可

选节点 c_9、c_{11} 和不可选节点 c_7，故而 v_7 只能从除 c_9、c_{11} 之外的所有可选节点中选取 2 个与之相连，分别为 c_3、c_8。

其余信息节点也按照上述步骤进行操作，最终使得每个信息节点的度数都为 5。需要说明的是，图 8 - 17 仅用于阐述算法 4 的具体流程，其中的参数设置不一定是最佳的。另外，为便于观察，图 8 - 17 中只画出了与 v_1、v_2、v_4、v_7 相关的连接边。

3. 校验节点度分布函数的推导

传统算法中，校验节点的度分布即为 $\Omega(x) = \sum\limits_{j=1}^{d_c} \Omega_j x^j$。经过算法 4 处理后，度数为 1 和 2 的校验节点的比例不变，即系数 Ω_1 和 Ω_2 不变，其余所有系数均发生了改变。为便于对算法的收敛性进行分析，本节定义新校验节点度分布函数为 $\Omega_n(x) = \sum\limits_{j=1}^{d_{c(n)}} \Omega_j^{(n)} x^j$，并对其进行推导。

从对图 8 - 17 的分析中可以看出，信息节点采用的是随机选择的方式，因此很自然地想到引入泊松分布函数进行处理。需要说明的是，本节在推导 $\Omega_n(x)$ 时，考虑的所有 N_a 个校验节点都被选取，而没有减去应被剔除的校验节点的个数，这样做的合理性在于：

（1）通常情况下，N_a 的个数远大于需要被剔除的校验节点的个数，因此，可采用 N_a 近似代替真实值；

（2）在固定值 N_a 下求解度分布 $\Omega_n(x)$ 时更为简便、计算量更小。

传统编码算法中，利用均值为 α 的泊松分布函数近似代替信息节点的度分布函数时，满足以下两个条件：

（1）校验节点具有可知的度分布函数；

（2）校验节点采用随机选择的方式选取与之相连的信息节点。

实际上，算法 4 的第二步只不过是将两者进行了转换：为 K_a 个不满足条件的信息节点随机选取校验节点，可选校验节点个数为 N_a。这 K_a 个信息节点中，包含的度数值分别为 0，1，2，…，$T_c - 1$，每种度数的信息节点的个数分别为 $K\Lambda_0$，$K\Lambda_1$，$K\Lambda_2$，…，$K\Lambda_{T_c-1}$。则每种度数的信息节点需要连接的校验节点的个数为 T_c，$T_c - 1$，$T_c - 2$，…，1。因此，可将这 K_a 个信息节点在选取校验节点时服从的度分布定义为

$$\Omega_\Lambda(x) = \sum_{j=1}^{T_c} \Omega_j^{(\Lambda)} x^j \qquad (8 - 18)$$

因此,这 K_a 个信息节点在完成算法 4 的第二步后增加的平均度数为

$$\beta_\Lambda = \sum_{j=1}^{T_c} j\Omega_j^{(\Lambda)} \qquad (8-19)$$

进一步,这 N_a 个校验节点在完成算法 4 的第二步后增加的平均度数为

$$\alpha_\Omega = \beta_\Lambda \frac{K_a}{N_a} \qquad (8-20)$$

若不考虑算法 4 第一步对这 N_a 个校验节点造成的影响,即在进行算法 4 的第二步之前初始化此 N_a 个校验节点的度数值为 0,那么完全可以利用均值为 α_Ω 的泊松分布等效此 N_a 个校验节点应服从的度数分布定义为

$$\Lambda_\Omega(x) = \sum_{i=0}^{d_{v(\Omega)}} \Lambda_i^{(\Omega)} x^i \qquad (8-21)$$

其中, $\Lambda_i^{(\Omega)} = \dfrac{\alpha_\Omega^i}{i!} e^{-\alpha_\Omega}$, $d_{v(\Omega)}$ 是理论上 N_a 个校验节点中的最大度数值,定义为 $\mathrm{ceil}(K_a)$,其中的 ceil 函数表示向正无穷方向取整。在此基础上定义 $d_{c(n)} = d_c + d_{v(\Omega)}$,其中 d_c 为最大校验节点度数值。

进一步,求解算法 4 完成后所有校验节点服从的度数分布,就转化为如下两个问题:

(1) 求解系数 $\Omega_j^{(\Lambda)}(1 \leqslant j \leqslant T_c)$,且满足 $\sum\limits_{j=1}^{T_c} \Omega_j^{(\Lambda)} = 1$;

(2) 将 N_a 个校验节点服从的度分布 $\Lambda_\Omega(x)$ 叠加至 $\Omega(x)$ 。

根据本节的分析,算法 4 的第二步可以等效为: K_a 个信息节点分别根据度分布函数 $\Omega_\Lambda(x)$ 依概率生成度数值,然后从 N_a 个校验节点中随机选择与对应个数的校验节点与之相连。考虑到系数 $\Omega_j^{(\Lambda)}(1 \leqslant j \leqslant T_c)$ 实质上是每种度数的信息节点的个数 $K\Lambda_0$, $K\Lambda_1$, $K\Lambda_2$, $\cdots$, $K\Lambda_{T_c-1}$ 与 K_a 的比值,因此有

$$\Omega_j^{(\Lambda)} = \frac{K\Lambda_{j-1}}{K_a} \ (1 \leqslant j \leqslant T_c) \qquad (8-22)$$

将式(8-16)代入式(8-22)可得

$$\Omega_j^{(\Lambda)} = \frac{\Lambda_{j-1}}{\sum\limits_{i=0}^{T_c-1} \Lambda_i} \ (1 \leqslant j \leqslant T_c) \qquad (8-23)$$

显然,系数 $\Omega_j^{(\Lambda)}(1 \leq j \leq T_c)$ 满足条件 $\sum_{j=1}^{T_c} \Omega_j^{(\Lambda)} = 1$,说明式(8-22)的计算结果是正确的。

求出系数 $\Omega_j^{(\Lambda)}$ 之后很容易就可求得度分布 $\Lambda_\Omega(x)$。但是,$\Lambda_\Omega(x)$ 是在初始化这 N_a 个校验节点的度数值为 0 的情况下求得的。实际上,在算法 4 的第一步完成后,这 N_a 个校验节点均存在不为 0 的度数值,且服从度分布 $\Omega(x)$。因此,此 N_a 个校验节点的最终度数值为:在第一步中获得的度数值与在第二步中获得的度数值之和,换言之,需要求解的度分布 $\Omega_n(x)$ 是 $\Lambda_\Omega(x)$ 和 $\Omega(x)$ 共同作用下的结果。

考虑到度数为 1 和 2 的校验节点并未参与算法 4 的第二步,因此其系数不变,即满足 $\Omega_1^{(n)}(x) = \Omega_1$,$\Omega_2^{(n)}(x) = \Omega_2$。

下面对其余 N_a 个校验节点的度数分布情况进行分析。

定义集合 $\{W_1, W_2, \cdots, W_{d_c-2}\}$ 分别表示进行算法 4 的第二步之前度数为 $m(3 \leq m \leq d_c)$ 的 $N\Omega_m$ 个校验节点,共计 N_a 个。在算法 4 的第二步中,这 N_a 个校验节点被选中的概率是相同的,故而对其实际分布情况作以下分析。首先,将这 $d_c - 2$ 种校验节点分开考虑。第二步完成后,集合 W_m 中的校验节点的度数分布情况为 $\sum_{i=m}^{m+d_{v(\Omega)}} \Lambda_{i-m}^{(\Omega)} x^{i-m}$,即为度分布 $\Lambda_\Omega(x)$ 向右平移 m 个单位。其次,将所有 N_a 个校验节点合并考虑。此时,这 N_a 个校验节点的度数分布范围为 $3 \sim d_{c(n)}$。从中挑选出所有度数为 3 的校验节点,其个数与 N 的比值即为系数 $\Omega_3^{(n)}$。依此类推,直至求得所有待求系数 $\Omega_j^{(n)}$。

令 a 表示列向量 $[\Lambda_1^{(\Omega)}, \Lambda_2^{(\Omega)}, \cdots, \Lambda_{d_{v(\Omega)}}^{(\Omega)}]^T$,$b$ 表示行向量 $[\Omega_3, \Omega_4, \cdots, \Omega_{d_c}, 0, 0, \cdots, 0]$。其中,行向量 b 的前 $d_c - 2$ 个元素为度分布 $\Omega(x)$ 的系数,后 $d_{v(\Omega)}$ 个元素均为 0。

引理 8.1:经过算法 4 的第二步操作后,度数为 $s(3 \leq s \leq d_{c(n)})$ 的校验节点的系数 $\Omega_s^{(n)}$ 为 $\sum_{i=r}^{s-2} A_{s-i-1, i}$,其中矩阵 $A = ab$,$A_{s-i-1, i}$ 表示矩阵 A 的第 $s - i - 1$ 行、第 i 列的值,且 r 满足:

$$r = \begin{cases} s - d_{v(\Omega)} - 2, & s \geq d_{v(\Omega)} + 3 \\ 1, & s < d_{v(\Omega)} + 3 \end{cases} \qquad (8-24)$$

证明:根据上述分析可知,在进行第二步之后,每种集合内部校验节点

的度数分布情况为 $\sum\limits_{i=m}^{m+d_{v(\Omega)}} \Lambda_{i-m}^{(\Omega)} x^{i-m}$，且每个集合中校验节点的个数保持不变。但是，集合 W_{m-2} 中校验节点的个数 $N\Omega_m$ 占总数 N 的比例为 Ω_m。根据概率的乘法原理，单独对任意一个集合 W_{m-2} 而言，其不同度数值的校验节点占总数 N 的比例如表 8-1 所示。

表 8-1　集合 W_{m-2} 中的度数分布情况

集合 W_1 的度数值	比例	集合 W_2 的度数值	比例	…	集合 W_{m-2} 的度数值	比例
3	$\Omega_3\Lambda_0^{(\Omega)}$	4	$\Omega_4\Lambda_0^{(\Omega)}$	…	m	$\Omega_m\Lambda_0^{(\Omega)}$
4	$\Omega_3\Lambda_1^{(\Omega)}$	5	$\Omega_4\Lambda_1^{(\Omega)}$	…	$m+1$	$\Omega_m\Lambda_1^{(\Omega)}$
5	$\Omega_3\Lambda_2^{(\Omega)}$	6	$\Omega_4\Lambda_2^{(\Omega)}$	…	$m+2$	$\Omega_m\Lambda_2^{(\Omega)}$
…	…	…	…	…	…	…
$3+d_{v(\Omega)}$	$\Omega_3\Lambda_{d_{v(\Omega)}}^{(\Omega)}$	$4+d_{v(\Omega)}$	$\Omega_4\Lambda_{d_{v(\Omega)}}^{(\Omega)}$	…	$m+d_{v(\Omega)}$	$\Omega_m\Lambda_{d_{v(\Omega)}}^{(\Omega)}$

若将表 8-1 中偶数列提取出来组合成矩阵 $\boldsymbol{B}$，则

$$\boldsymbol{B} = \begin{bmatrix} \Omega_3\Lambda_0^{(\Omega)} & \Omega_4\Lambda_0^{(\Omega)} & \Omega_5\Lambda_0^{(\Omega)} & \cdots & \Omega_m\Lambda_0^{(\Omega)} \\ \Omega_3\Lambda_1^{(\Omega)} & \Omega_4\Lambda_1^{(\Omega)} & \Omega_5\Lambda_1^{(\Omega)} & \cdots & \Omega_m\Lambda_1^{(\Omega)} \\ \vdots & \vdots & \vdots & & \vdots \\ \Omega_3\Lambda_{d_{v(\Omega)}}^{(\Omega)} & \Omega_4\Lambda_{d_{v(\Omega)}}^{(\Omega)} & \Omega_5\Lambda_{d_{v(\Omega)}}^{(\Omega)} & \cdots & \Omega_m\Lambda_{d_{v(\Omega)}}^{(\Omega)} \end{bmatrix}_{d_{v(\Omega)}+1,\ d_c-2}$$

根据概率的加法原理，所有 N_a 个校验节点中，度数为 $t(3 \leqslant t \leqslant d_{c(n)})$ 的校验节点的个数占总数 N 的比例为：所有集合中度数为 t 的校验节点个数占总数 N 的比例之和。换言之，即为矩阵 $\boldsymbol{B}$ 中第 $m-2$ 列、第 $t-m+1$ 行对应的所有元素之和。

但是，考虑以下两种情况：

（1）这 N_a 个校验节点的度数分布范围为 $3 \sim d_{c(n)}$，并不是每列中都包含所有度数值的校验节点；

（2）利用矩阵 $\boldsymbol{B}$ 最多只能求得度数为 d_c 的校验节点的比例，而无法求解度数值为 $d_c+1 \sim d_{c(n)}$ 的校验节点的比例。

鉴于上述两个问题，需要对矩阵 $\boldsymbol{B}$ 扩充至 $d_{c(n)}$ 列，且添加对度数值为 $d_c+1 \sim d_{c(n)}$ 的校验节点所占比例的求解方法。

首先，对矩阵 $\boldsymbol{B}$ 进行扩充。根据乘法原理，算法 4 的第一步完成后不存

在度数为 $d_c + 1 \sim d_{c(n)}$ 的校验节点,因此,在不改变矩阵行数的基础上,为矩阵 $\boldsymbol{B}$ 添加 $d_{v(\Omega)} + 1$ 列全零向量。此时,扩充后的矩阵即为引理 8.1 中的矩阵。

其次,对度数值为 $d_c + 1 \sim d_{c(n)}$ 的校验节点所占比例的求解方法进行说明。显然,在求解度数为 s 的校验节点所占比例时,只需要筛选出可能存在这种度数的校验节点的集合即可。假设从第 r 个集合开始,之后的所有集合中均存在度数为 s 的校验节点,则 r 需要满足的条件与引理 8.1 中相同,即为式 (8-24)。另外,矩阵 $\boldsymbol{A}$ 的前 $d_c - 2$ 列与 $d_c - 2$ 个集合一一对应。故而,上述对于集合的筛选操作实际上相当于对矩阵 $\boldsymbol{A}$ 的列进行筛选,符合求解系数 $\Omega_s^{(n)}$ 的操作。

至此,便证明了引理 8.1 的正确性。

综上所述,新校验节点的度分布 $\Omega_n(x)$ 为

$$\Omega_n(x) = \Omega_1 x + \Omega_2 x^2 + \sum_{j=3}^{d_{c(n)}} \Big(\sum_{i=r}^{j-2} A_{j-i-1,\,i} \Big) x^j \qquad (8-25)$$

8.3.4　阈值的设计原则和设计方法

1. 阈值的设计原则

本书设计算法 4 的初衷在于降低 LT 码的误码平台,提高 BER 性能,完成这两者的关键在于提高信息节点的度数值。决定信息节点度数分布的关键在于阈值 T_c 的设定。本节对阈值的设计原则进行分析。

1) 阈值对 LT 码的平均 BER 的影响分析

根据已有结论,传统编码算法下 LT 码的译码平均 BER 具有下限:

$$P_e \geqslant \sum_{i=1}^{d_v} \Lambda_i Q\!\left(\frac{\sqrt{i\sigma_{L_{ch}}^2}}{2} \right) \qquad (8-26)$$

其中,Λ_i 是信息节点度分布的系数;$\sigma_{L_{ch}}^2 = 4/\sigma^2$ 表示信道 LLR 信息的方差,σ^2 是信道中高斯白噪声的方差;$Q(\cdot)$ 表示标准正态分布的右尾函数(互补累计分布函数)。

将式 (8-14) 代入式 (8-26) 可得采用算法 4 的 LT 码的 BER 下限:

$$P_{e(n)} \geqslant \Lambda_{T_c}^{(n)} Q\!\left(\frac{\sqrt{T_c \sigma_{L_{ch}}^2}}{2} \right) + \sum_{i=T_c+1}^{d_v} \Lambda_i Q\!\left(\frac{\sqrt{i\sigma_{L_{ch}}^2}}{2} \right) \qquad (8-27)$$

将式(8-27)的右边减去式(8-26)的右边,可得

$$\Lambda_{T_c}^{(n)} Q\left(\frac{\sqrt{T_c \sigma_{L_{ch}}^2}}{2}\right) - \sum_{i=1}^{T_c} \Lambda_i Q\left(\frac{\sqrt{i \sigma_{L_{ch}}^2}}{2}\right) \tag{8-28}$$

对于给定的 K、N、E_s/N_0,式(8-28)的后面一项为常数,只有前面一项与阈值直接相关。因此,本书利用式(8-28)分析阈值 T_c 对 LT 码平均 BER 的影响。为便于表示,此处令 $x_i = \dfrac{\sqrt{i \sigma_{L_{ch}}^2}}{2}$,其中 $1 \leq i \leq T_c$,则有

$$\Lambda_{T_c}^{(n)} Q(x_{T_c}) - \sum_{i=1}^{T_c} \Lambda_i Q(x_i) = \left(\sum_{i=1}^{T_c} \Lambda_i\right) Q(x_{T_c}) - \sum_{i=1}^{T_c} \Lambda_i Q(x_i)$$

$$= \sum_{i=1}^{T_c} \Lambda_i (Q(x_{T_c}) - Q(x_i)) \tag{8-29}$$

在式(8-29)中,x_i 随着 i 的增加而增加,而 Q 函数则是一个单调递减函数。因此,当 $1 \leq i \leq T_c$ 时,$Q(x_{T_c}) - Q(x_i)$ 的值始终小于零,即式(8-29)中的每一项均小于零,所以式(8-29)的值必定小于零。换言之,不等式(8-27)具有比不等式(8-26)更低的下限。故而算法 4 具有比传统算法更低的误码平台。

综上所述,阈值 T_c 越大,采用算法 4 的 LT 码的平均 BER 越小。

2) 阈值对 LT 码译码收敛性的影响分析

EXIT 图法是刻画 LT 码迭代译码过程中信息传递的有效工具,本节将利用 EXIT 图法分析 T_c 对 LT 码收敛性的影响。

进一步定义如下:

$$\sigma_C^2 = [J^{-1}(1 - I_{A,C})]^2 \tag{8-30}$$

$$\sigma_{ch}^2 = [J(1 - J\sqrt{4/\sigma_n^2})]^2 \tag{8-31}$$

$$\sigma_{ch}^2 = [J^{-1}(I_{A,I})]^2 \tag{8-32}$$

则 IND、CND 和 EXIT 函数可简写为

$$I_{E,I}(I_{A,I}) = \sum_{i=1}^{d_v} \lambda_i J[\sqrt{(i-1)\sigma_I^2}] \tag{8-33}$$

$$I_{E,C}(I_{A,C}) = \sum_{j=1}^{d_c} \rho_j \{1 - J[\sqrt{(j-1)\sigma_C^2 + \sigma_{ch}^2}]\} \tag{8-34}$$

$\lambda(x) = \sum_{i=1}^{d_v} \lambda_i x^{i-1}$ 和 $\rho(x) = \sum_{j=1}^{d_c} \rho_j x^{j-1}$ 分别是信息节点和校验节点基于边的度分布,其中系数 λ_i 及 ρ_j 的求解方法如下:

$$\lambda_i = \frac{i\Lambda_i K}{K \sum_{i=1}^{d_v} i\Lambda_i} = \frac{i\Lambda_i}{\sum_{i=1}^{d_v} i\Lambda_i} \qquad (8-35)$$

$$\rho_j = \frac{j\Omega_j N}{N \sum_{j=1}^{d_c} j\Omega_j} = \frac{j\Omega_j}{\sum_{j=1}^{d_c} j\Omega_j} \qquad (8-36)$$

对于传统编码算法有:$\lambda_i = i\Lambda_i / \alpha$,$\rho_j = j\Omega_j / \beta$。

对于算法 4 有:$\lambda_i^{(n)} = i\Lambda_i^{(n)} / (\alpha + \alpha_\Omega)$,$\rho_j^{(n)} = j\Omega_j^{(n)} / (\beta + \beta_\Lambda)$。

为便于表示,令 $I_{A,I}^{(n)}$ 和 $I_{E,I}^{(n)}$ 表示算法 4 的 IND 的输入先验信息和输出外信息。将 $\lambda_i^{(n)}$ 与 λ_i 分别代入式(8-33)中并作差可得

$$I_{E,I}^{(n)}(I_{A,I}^{(n)}) = \sum_{i=T_c}^{d_v} \frac{i\Lambda_i^{(n)}}{(\alpha + \alpha_\Omega)} J(\sqrt{(i-1)\sigma_I^2}) \qquad (8-37)$$

同样,令 $I_{A,C}^{(n)}$ 和 $I_{E,C}^{(n)}$ 表示算法 4 的 CND 的输入先验信息和输出外信息,可得

$$I_{E,C}^{(n)}(I_{A,C}^{(n)}) = \sum_{j=1}^{d_{c(n)}} \frac{j\Omega_j^{(n)}}{(\beta + \beta_\Lambda)} \{ 1 - J[\sqrt{(j-1)\sigma_C^2 + \sigma_{ch}^2}] \} \qquad (8-38)$$

下面绘制出不同阈值 T_c 下 $I_{E,I}^{(n)}$ 和 $I_{E,C}^{(n)}$ 的变化趋势图,以直观分析采用算法 4 的 LT 码的译码收敛特性。参数如下:AWGN 信道的信噪比为 $E_s/N_0 = 0$ dB,LT 码的码率值 $R = 1/2$,采用的度分布为 $\Omega_3(x)$,阈值 T_c 的变化范围为 [5, 10],间隔为 1,结果如图 8-18 所示。

在图 8-18 中,IND 曲线和 CND 曲线之间的通道被称作"译码通道"。若两条曲线之间的通道是打开的,即 IND 曲线和 CND 曲线不相交,则说明 LT 码能够经过有限次迭代成功译码。若通道越大,说明 LT 码需要的迭代次数越少,收敛性越好。

可以看出,T_c 的值会影响 EXIT 图中 IND 曲线和 CND 曲线的形状。一方面,随着 T_c 的增大,IND 曲线会不断地左移,且曲线上部位置的形变更为明显,相应的译码通道会变得更宽,这有利于译码的快速收敛;另一方面,随着 T_c 的增大,CND 曲线也会不断地左移,且曲线中部位置的形变更为明显,相应的译码通道会变得更窄,这不利于译码的收敛。另外,还可以看出,CND

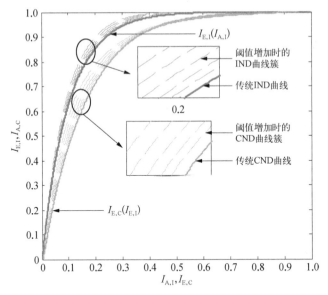

图 8-18 阈值对改进 LT 码收敛性的影响

曲线左移的幅度要略大于 IND 曲线。因此,尽管通过增大阈值拓宽了上部区域的译码通道,但却在中部位置以更大的幅度缩减了译码通道,这就有可能使得两条曲线在未达到点 (1, 1) 之前便相交,导致译码失败。综合考虑译码收敛特性和 BER 性能,T_c 的取值必然有一个临界点。后文会对 T_c 的取值作详细讨论。

综上所述,阈值的设计原则有以下两条:

(1) 从降低误码平台的角度出发,阈值越大越好;

(2) 从收敛性的角度出发,阈值并非越大越好,且应存在临界点。

2. 阈值的设计方法

从降低 LT 码平均 BER 的角度出发,阈值应越大越好。该设计原则便于理解和操作,因此,以下主要考虑第二条设计原则对阈值的限制。

算法 4 增加了 IND 的输出外信息,从而使得 IND 曲线向左平移,从 IND 的角度拓宽了译码通道。但是,算法 4 减小了 CND 的输出外信息,也使得 CND 曲线向左平移,从 CND 的角度收缩了译码通道。这就使得阈值不能无限增大,而应存在临界点使 LT 码的 BER 最低且能顺利完成译码。具体而言,给定参数 E_s/N_0、R、$\Omega(x)$ 及初始阈值,根据式(8-37)和式(8-38)求出 $I_{E,I}^{(n)}$ 和 $I_{E,C}^{(n)}$,并绘制出该阈值下的 EXIT 图,观察 IND 曲线和 CND 曲线之间的译码通道是否处于"打开"状态。若 IND 曲线和 CND 曲线在达到点 $(1, 1)$ 之前不相交,则将阈值加 1,重复上述操作;若 IND 曲线和 CND 曲线在达到点 $(1, 1)$ 之前相交,则临界阈值应为当前值减去 1。

　　按上述方法总可以求解出给定参数下的临界阈值,但考虑如下问题: EXIT 图法是一种针对码长无限长、迭代次数无限多的分析工具。在实际应用中,为了降低卫星数据传输过程中的译码时延,码长和迭代次数不可能无限大,因此算法 4 的最佳阈值一般要小于临界阈值,在译码效率和 BER 性能之间进行折中。在 EXIT 图中直观反映为: 算法 4 的 IND 曲线和 CND 曲线之间的译码通道要始终保持一定的宽度。

　　为此,引入参数 $\varphi(0 < \varphi \leqslant 1)$,并令 $\boldsymbol{Z} = (I_{\mathrm{E,C}}^{(n)} - I_{\mathrm{A,I}}^{(n)})/(I_{\mathrm{E,C}} - I_{\mathrm{A,I}})$,则最佳阈值 $T_{\mathrm{c(opt)}}$ 应满足的条件为: 当 $T_{\mathrm{c}} = T_{\mathrm{c(opt)}}$ 时, $\min(\boldsymbol{Z}) \geqslant \varphi$; 当 $T_{\mathrm{c}} > T_{\mathrm{c(opt)}}$ 时, $\min(\boldsymbol{Z}) < \varphi$。其物理含义为: 算法 4 译码通道任意一处的宽度应不低于传统算法译码通道相应位置处宽度的 φ 倍,其中, φ 的值可以根据码长、迭代次数进行调整。综合考虑,求解 $T_{\mathrm{c(opt)}}$ 的详细过程如下。

算法 5: 最佳阈值的求解方法

输入: 1. 参数: E_{s}/N_0、R、$\Omega(x)$、φ
　　　　 2. 初始化: $j = 1$, $\boldsymbol{Z} = \boldsymbol{1}$
输出: 最佳阈值 $T_{\mathrm{c(opt)}}$
求解过程:
while　　$\min(\boldsymbol{Z}) \geqslant \varphi$
　　(1) 在当前 j 值下,求解出新的信息节点度分布 $\Lambda_n(x)$ 和新校验节点度分布 $\Omega_n(x)$;
　　(2) 求解出新的信息节点和校验节点基于边的度分布 $\lambda_n(x)$ 和 $\rho(x)$;
　　(3) 求出算法 4 中 IND 和 CND 的 EXIT 函数,更新 $\boldsymbol{Z}$ 值;
　　(4) 重新赋值: $j = j + 1$
end while
最佳阈值 $T_{\mathrm{c(opt)}} = j - 2$

　　算法 5 给出了最佳阈值的求解方法,其好处在于: ① 不需要通过绘制 EXIT 图定性分析,只需要将给定参数代入相关等式中求解即可;② φ 值可以针对不同码长的收敛特性进行调整,具有普适性;③ 不同参数下的阈值仅需要在方案设计时计算一次,在数据传输过程中,可通过查表的方式选择当前参数下的最佳阈值。

　　至此,本小节给出了完整的阈值设计原则和求解方法,为下文算法 4 在卫星数据传输系统中的应用奠定了基础。

8.3.5 仿真结果与分析

本节对算法 4 的性能进行仿真分析。仿真参数为：LT 码的码长 $K = 2\,048$，调制方式为 BPSK，所有结果均通过 1 000 000 次蒙特卡罗仿真得到，采用 BP 译码算法时的最大迭代次数均设置为 50 次，对应的校验节点度分布分别为

$$\Omega_4(x) = 0.015x + 0.495x^2 + 0.167x^3 + 0.082x^4 + 0.071x^5$$
$$+ 0.049x^8 + 0.048x^9 + 0.05x^{19} + 0.023x^{66} \quad (8-39)$$

考虑到采用 K 值的数量级仅为 10^3，应将 φ 值设定的较大一些，此处令 $\varphi = 1/2$。通过求解算法 5 得到了不同 E_s/N_0 和 R 值下的最佳阈值，如表 8-2 所示。

表 8-2 不同参数下的最佳阈值

$T_{c(opt)}/dB$	$R^{-1} = 2.0$	$R^{-1} = 2.2$	$R^{-1} = 2.4$	$R^{-1} = 2.6$	$R^{-1} = 2.8$	$R^{-1} = 3.0$
0	12	13	15	16	18	20
1	12	14	16	18	19	21
2	13	15	16	18	20	22
3	13	15	17	19	21	23
4	14	16	18	20	22	23
5	15	17	19	21	23	24

1. 误码平台的改善效果分析

图 8-19 给出了 BER 随着码率的减小而变化的情况。设定信噪比为 $E_s/N_0 = 0$ dB，不同码率下的阈值采用的是表 8-2 中给出的结果，假设发送端功率归一化为 1。可以看出，传统算法的 BER 曲线下降速度缓慢，并且即使在 R^{-1} 足够大时，其 BER 值也严格受限于下限值，只能维持在 10^{-6} 以上，存在较高的误码平台；另一方面，改进算法的 BER 曲线则随 R^{-1} 的增加呈现瀑布式下降，且在 $R^{-1} = 2.4$ 时就已降至 10^{-7} 以下，误码平台远低于传统算法。另外，利用式(8-7)和式(8-27)给出了改进算法的 BER 下限，可以看出，实际仿真结果与理论上的 BER 下限之间仍存在约 0.3 倍冗余度的差距，这主要是仿真采用的码长较短造成的。受限于编译码复杂度的限制，仿真只采用了长度为 2 048 比特的 LT 码，在译码效率和 BER 性能之间进行了折中。实际上，如果地面接收系统的运算能力较强，完全可以采用更小的 φ 值

（如 1/4），来得到更大的最佳阈值，进而获得更低的 BER 下限；然后采用更长的码长（如 10^4 量级），更多的迭代次数（如 100 次），以使实际 BER 值不断逼近 BER 下限，从而达到更低的误码平台。这也正体现了本节提出的边扩展算法的灵活性。

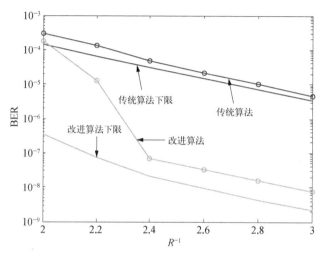

图 8-19　码率值减小时 BER 的变化情况

图 8-20 给出了 BER 随信噪比增加而变化的情况。设定码率值为 $R = 1/2$，不同信噪比下的阈值采用的是表 8-2 中给出的结果，假设发送端功率归一化为 1。可以看出，改进算法 BER 的变化趋势与图 8-19 相同，其误码

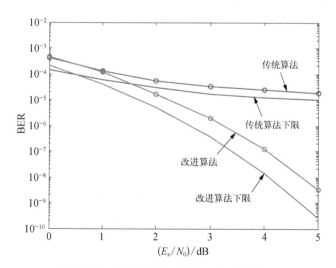

图 8-20　信噪比增加时 BER 的变化情况

平台依然远低于传统算法。在信噪比为 5 dB 时,传统算法和改进算法的 BER 相差近 4 个数量级。同样的,若以 10^{-5} 为 BER 标准,改进算法要优于传统算法约 2.7 dB,这也验证了边扩展算法的链路自适应特性。

2. 链路余量利用率的分析

本小节中对算法 1 至算法 4 对链路余量的利用率进行了仿真。参数如下:LT 码的长度为 $K = 2\,048$,度分布采用 $\Omega_4(x)$,BER 标准为 10^{-7},发送端调制方式为 BPSK,发送功率归一化为 1,接收端信噪比的变化区间为 $[0\,dB,5\,dB]$。仿真结果如图 8-21 和图 8-22 所示。

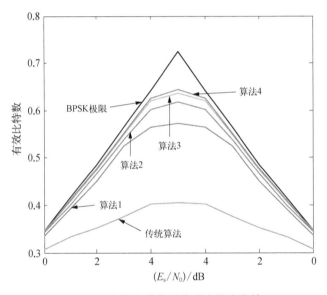

图 8-21　有效比特数随信噪比的变化情况

从图 8-21 中可以看出,四种改进算法的调制符号携带的有效比特数均要大于传统算法,其中,算法 1 和算法 2 在 $E_s/N_0 > 4$ dB 时便已进入误码平台区域,但算法 2 的有效比特数仍高于算法 1 0.05 bit 左右。相比之下,算法 3 和算法 4 的性能则最为相近,尽管受到误码平台的限制,但在 $E_s/N_0 > 4$ dB 时有效比特数均仍增加了约 0.08 bit。另外,与图 8-13 相比,算法 1、算法 2、算法 3 的性能均较 $K = 256$ 时有较大程度提升,特别是算法 3 和算法 4 的 BER 性能几乎逼近 BPSK 极限,这也与码长越长、性能越好的结论相吻合。

在图 8-21 中,四种改进算法的 η_L 值均大于传统算法,但在误码平台区域的 η_L 值也存在不同程度的下降。不过与图 8-14 相比,算法 1、算法 2、算

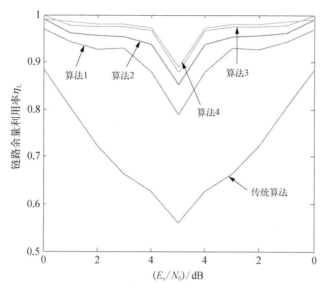

图 8 - 22　链路余量利用率随信噪比的变化情况

法 3 的 η_L 值仍分别增加了 9%、10%、8%，其中，算法 3 在信噪比变化时能够始终将 η_L 值维持在 88% 以上，要分别高于算法 1 和算法 2 约 10% 和 4%。而算法 4 的 η_L 值则始终大于 90%，且略高于算法 3，对链路余量的利用程度是最高的。

8.4　本章小结

　　本章首先研究了 LT 码的误码平台对自适应数据传输系统的影响，并通过 EXIT 图法分析了 LT 码在 AWGN 信道中存在误码平台的原因：由于随机选取信息节点的方式产生了许多可靠性较低的小度数值信息节点。然后，本章提出了三种基于节点分类选择的编码算法，即通过控制编码过程，使校验节点优先选取度数值较小的信息节点与之相连，从而在编码完成之前就消除了小度数值的信息节点。但是，这三种算法都存在一个共同的缺陷：无法通过定量分析预测 LT 码的 BER 性能。因此，本章进而提出了一种随机边扩展编码算法，该算法通过对编码完成之后的结果进行优化调整以达到消除小度数值信息节点的目的。分析了该算法对 LT 码的度分布函数及译码收敛性的影响，并利用 EXIT 理论给出了最佳阈值的设计原则和设计方法。

仿真结果显示,采用码长为 2 048 的 LT 码时,这四种优化编码算法的 BER 性能均好于传统算法,且信噪比变化时的链路余量利用率可始终保持在 80%以上。

第9章 基于无速率码的卫星数据传输系统

无速率码是一种码率不固定的新型信道编码,要将其应用于星地数据传输中,还需要设计与无速率码特点相适配的自适应传输系统。实际上,完整的自适应传输系统不仅需要对涉及无速率码的关键部分进行设计,如编码器和译码器等,还必须给出一个完整数据收发过程需要的其他环节,如传输协议、工作流程等。因此,本章以完整性为出发点,以涉及无速率码的环节为重点,对自适应传输系统进行了设计。在本章中,首先给出了一种大小可调、形式灵活的数据帧结构。其次,介绍了系统采用的选择重发式传输协议以及收发两端的完整工作流程。之后,设计了高效的编码、译码方式,并给出了比特级的处理方法。最后,介绍了一种线性加权调整码率算法及其改进形式,并对完整的数据收发过程进行了仿真和分析。

9.1 基于无速率码的卫星数据传输系统总体设计

理论上而言,无速率码的发送端只需要源源不断地发送比特数据直至收到接收端的 ACK 信息,接收端也只需对不断输入的比特 LLR 信息进行译码操作即可。但是,在实际传输系统中,发送端和接收端必须按照一定的传输协议进行工作,无法实现理论上源源不断收发数据的传输效果。为了充分利用无速率码的链路自适应特点和桶积水效应,本节设计了一种非理想情况下的基于无速率码的自适应传输系统,如图 9-1 所示。在此系统中,重点对无速率码编码器和译码器进行了设计,并明确了数据出错时的处理流程。此外,为了实现自适应调整码率功能,还对接收端和发送端的工作方式进行了改变。

(1)无速率码传输系统的特点:① 能够根据卫星指令,在任意码率值

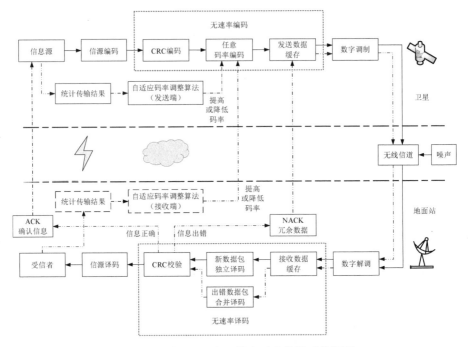

图 9-1 基于无速率码的自适应传输系统框图

下进行编码;② 在译码出错时,能够利用桶积水效应将重传的冗余编码数据进行合并译码;③ 自适应调整码率可以通过发送端实现,也可以通过接收端的反馈实现。

(2)无速率码传输系统在译码失败时的处理方式:① 按照传统方式反馈 NACK 请求重传冗余数据;② 利用桶积水特点对重传数据进行合并译码;③ 发送端或接收端记录每一次的重传次数以及译码失败次数。

(3)无速率码传输系统在信道状态变化时的情况:① 根据统计结果判断当前信道变化趋势,并通过主动学习求解下一次传输数据时的最佳码率值;② 通过发送端实现时,由发送端向编码器发送指令实现码率调整;③ 通过接收端实现时,按照先反馈再发送指令的顺序实现码率调整。

可以看出,本节设计的自适应传输系统与图 9-1 所示的理想情况下的系统框图的区别在于:译码失败时的处理方式与信道状态变化时的处理方式的不同。一方面,译码失败时接收端仍然采用合并译码的方式,只不过需要向发送端反馈 NACK 信息,避免了数据浪费的问题;另一方面,该系统无须进行复杂的信噪比估计,而是利用之前的传输结果独立判断本次的最佳码率值,且可选在发送端或者接收端完成。设计与无速率码特点相适配的工作机制是自适应传输系统的重点部分,本章后续进行详细介绍。

9.2　基于无速率码的卫星数据传输组帧结构设计

在第 7 章和第 8 章的设计内容与仿真中,实际上都是在物理层的范围进行考虑的,例如编译码都是以比特为最小单位进行分析的,对卫星信道状态的描述也是归一化至接收端信噪比。但是,在设计的卫星数据传输系统中,不可能像理想情况下那样按比特发送编码数据,必然是按照一定的标准,如卫星常采用的高级在轨系统(advanced orbiting system,AOS)标准,将源数据包进行编码、组合成物理层数据帧进行发送。同样,将无速率码应用于自适应传输系统中时,也必须按相应的协议以数据帧为最小发送单元进行传输。这就需要设计一种能够发挥无速率码桶积水效应和码率自适应变化特点的物理层数据帧,这也是 7.4.2 节中指出的自适应传输系统应解决的问题之一。

9.2.1　基于数据拆分和重组的帧结构设计

理论研究中,往往考虑以比特为最小单位传输数据,这样可以对码率值进行最精细的调整,几乎达到码率无缝变化的理想情况。但是,在实际系统中,每次仅发送一个比特是不现实的。因此,本小节考虑将编码数据分段进行传输,并记 Δm 为最小传输单元,Δm 的具体大小则取决于编码数据的长度和分段个数。需要说明的是,拆分数据的操作会使得码率值只能在几个零散值之间进行调整。例如,源数据包长为 $K = 2\,000\,\text{bit}$,编码后的数据包为 $N = 10\,000\,\text{bit}$,将其拆分成 5 段进行传输,则 Δm 的长度为 $2\,000\,\text{bit}$;此时,可选码率只有 1/2、1/3、1/4、1/5 共计 4 种。如果要实现更精细的码率调整,则可以将数据拆分成更多段进行传输。采用分段传输的方式实际上是在码率调整和传输效率之间进行了折中,更符合实际应用背景。

每个编码数据包经过拆分之后都会产生多个 Δm,然后若干个 Δm 会重组成一个物理层数据帧。数据帧的长度可以大于或等于 Δm 的值,因此每一个数据帧中可能包含来自一个或多个不同编码数据包的传输单元 Δm。 接下来,发送端会对数据帧进行数模转换、调制等操作,并经过卫星信道传输至接收端。接收端在收到数据帧后会将其拆分成一个或多个 Δm,并将来自同一个编码包的多个 Δm 合并进行译码以恢复出源数据包。此处面临着一个问题：需要记录每个传输单元 Δm 来自哪一个源数据包及其在该数据包内的序号。源数据包来自 MAC 层，因此，在设计数据帧格结构时需将 MAC 层的影响考虑在内。

　　根据上述分析，参考现有的通信协议，设计出数据拆分方式及帧结构如图 9‐2 所示。MAC 层首先获取上层数据，然后对上层数据添加包头信息，最后对上层数据和包头生成 CRC 校验和信息，形成长度为 K 的源数据包并送至物理层。物理层会对整个源数据包进行无速率编码，产生长度为 N 的

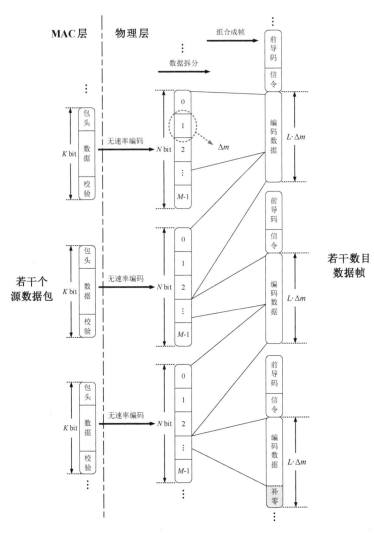

图9‐2　数据拆分、重组以及帧结构示意图

编码数据包;然后,将编码数据包拆分成 M 段,每一段代表一个最小传输单元 Δm;之后,发送端将所有编码包要发送的传输单元按序排列,并以 L 个为一组进行重新组合;最后,发送端为每一组 L 个 Δm 添加帧头,封装成物理层数据帧。通常情况下,发送端会一次性发送一组(含多个)源数据包,若当前组数据包的所有传输单元填充完毕后,最后一个数据帧存在空余位置,则通过补零完成。需要说明的是,数据帧的帧头由前导码和信令信息组成,其中前导码包含了一些必要的信息以完成同步、均衡等操作,而信令段则包含一些与译码相关的信息,具体内容在下文介绍。

综上所述,本节基于数据拆分、重组的思想,设计了一种适用于无速率码的物理层帧结构,其好处在于:

(1)规定了无速率码在物理层的具体操作,明确了 MAC 层数据和物理层数据之间的关系;

(2)发送端可以通过改变 Δm 的发送个数,实现码率值的自适应调整;

(3)发送端可以通过调整 Δm 的大小,对码率的调整精度进行设置;

(4)接收端可以对不断累积的 Δm 进行合并译码,实现了无速率码的桶积水效应。

9.2.2 数据帧信令内容的设计

9.2.1 节中给出了数据从 MAC 层流向物理层,最后形成数据帧的处理方法。接收端收到一组数据帧后,会按照上述操作的逆过程对数据进行处理。具体流程如下所示:

(1)接收端提取每一帧中的编码数据信息,并将其都拆分成 L 个 Δm;

(2)判断每个 Δm 来自哪一个数据包,将来自同一个数据包的所有 Δm 进行合并;

(3)译码器对合并后的数据分别进行译码,恢复出每一个源数据包;

(4)将译码后的源数据包送入 MAC 层进行 CRC 校验,判断译码结果是否正确。

准确完成上述过程所需要的信息就来自帧头中的信令段,主要包括:每一个数据帧的序号、数据包的序号、传输单元的个数、首个传输单元的序号,如图 9-3 所示。

下面通过实例对信令中的具体比特信息进行分析。假设每个编码包被拆分成 8 个 Δm,数据帧中一次最多能填充 5 个 Δm,发送端每次发送 3 个编

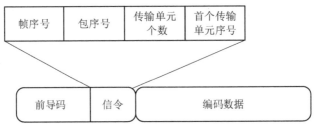

图 9 - 3　信令段携带的信息

码包。若本次发送第一个数据包中的前 6 个 Δm、第二个数据包中的前 5 个 Δm、第三个数据包中的前 7 个 Δm，这 18 个 Δm 就将填充至 4 个数据帧，并剩余 2 个 Δm 的空闲位置。此时，信令信息如表 9 - 1 所示。

表 9 - 1　信令段携带的信息

信令信息	数据帧序号	数据包序号	传输单元个数	首个传输单元序号
数据帧 1	000	000	100	000
数据帧 2	001	001 000	011 000	000 100
数据帧 3	010	010 001	011 000	000 100
数据帧 4	011	010	010	100

　　在本例中，信令信息采用 3 位比特数表示 8 个状态。对于数据帧 2，其二进制序号为 001；该帧中含有数据包 1 和数据包 2 的传输单元，因此数据包序号由 000 和 001 组成；这两个数据包在该帧中的传输单元个数分别为 1 个和 4 个，因此传输单元个数信息为 000 和 011；这两个数据包在该帧中的首个传输单元的序号分别为 5 和 1，因此首个传输单元序号分别为 100 和 000。根据上述信息，接收端完全可以将数据帧 2 中编码数据拆分 5 个 Δm，并准确地将所有 Δm 重新分配给其原先所在的编码包中，以便于进行译码操作。

　　本小节设计了数据帧中的信令信息，其好处在于：

　　（1）明确了接收端物理层在译码前对编码数据的拆分、重组操作，与发送端物理层的处理形成闭环；

　　（2）信令段信息内容简单，且随着拆分段数的增加，信令比特数也是线性增加，所占开销较小。

9.2.3　反馈帧的设计

　　理想情况下，无速率码传输系统是发送端源源不断地发送编码数据，接收端只在译码成功后向发送端反馈 ACK 信息，但在发送端不可能只是源源不断地发送数据,也需要等待接收端的反馈信息,因此,必然需要设计与自适应传输特性相符合的反馈帧。

在卫星数据传输系统中,下行是功率受限,上行则为带宽受限。在有限的信道带宽资源下,接收端很难频繁地对每个数据包的译码结果分别进行反馈,这是因为每发送一个反馈帧就需要帧头等其他开销。因此,本节考虑将一组数据包的译码结果集中进行反馈。实际上,在 9.2.1 节中也是考虑将多个数据包作为一组进行发送,这就为集中反馈提供了可能。另一方面,考虑到集中反馈可能会造成较大译码时延的问题,可以采用空间换取时间的方式来解决。在接收端,数据经过拆分、重组之后,每个编码包之间可以认为是不相关的,完全可以独立进行译码。因此,在接收端采用并行译码方式,对多个数据包同时译码,将译码时延降低至最小。

数据包的译码结果只有成功和失败两种,分别对应 ACK 和 NACK,恰好可以采用比特值 0、1 来进行表示,即用 0 表示 ACK、1 表示 NACK。例如,将 5 个数据包为一组进行发送,在接收端译码成功的有数据包 1、4、5,则反馈帧的有效数据为 01100。除此之外,还需要将每个译码结果与数据包对应起来,因此采用了与 9.2.2 节中相同的区分方式,在信令中记录了首个数据包的序号和反馈结果包含的数据包的个数。

综上所述,设计的反馈帧结构如图 9 - 4 所示,其好处在于降低了反馈开销,减少了星地间的握手次数和信道的空闲期,一定程度上提高了系统的传输效率。

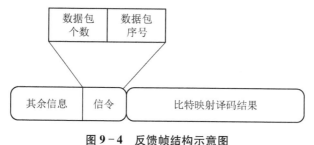

图 9 - 4　反馈帧结构示意图

9.3　基于无速率码的卫星数据传输工作机制设计

本书设计基于无速率码的自适应数据传输系统的目的在于:利用无速

率码的链路自适应特性,通过调整码率值使有效数据率始终紧贴信道状态无缝变化,实现链路余量利用率的最大化。实现上述传输效果的前提是需要一种可靠、完善的工作机制,以实现自适应传输系统的高效、无差错运转。一方面,无速率码具有独特的编码方式和译码方式,这就使其无法直接应用于传统固定码率的工作机制中;另一方面,发送端和接收端之间并不是互相孤立的,而是相辅相成的,所以需要进行联合设计。因此,本节设计了一种与无速率码特性相匹配的工作机制,包括传输协议、收发两端的工作流程等,以确保收发两端在数据处理流程中能够无缝衔接。

9.3.1　MAC 层采用的传输协议

1. 三种 ARQ 协议

MAC 层一般采用 ARQ 协议用于对数据传输出错的情况进行处理,包括停等式 ARQ、回退 N 步 ARQ 和选择重发式 ARQ。下面对三种协议进行具体介绍。

1）停等式 ARQ

在停等式 ARQ 协议中,发送端发送完第 $N-1$ 个数据包之后,会暂停发送第 N 个数据包,而是等待第 $N-1$ 个包的反馈结果。若反馈信息为 NACK,则重新发送第 $N-1$ 个包;若反馈信息为 ACK,则继续发送第 N 个数据包。如此反复,直至所有数据包都发送完毕,如图 9-5 所示。停等式 ARQ 的优缺点如下。

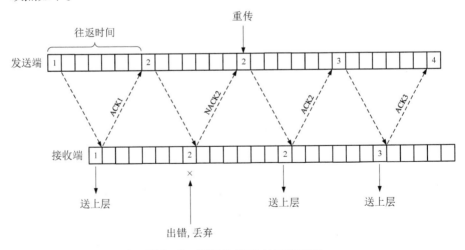

图 9-5　停等式 ARQ 的工作原理

（1）优点：该协议简单易行,能够确保每一个数据包都被成功接收。

（2）缺点：信道利用率低下。从发送完第 $N-1$ 个包到收到该包的反馈信息为止,需要的时间为：往返传播时延+ACK/NACK 传输时延+译码时延。过长的等待时间会使信道长期处于空闲期,浪费了信道资源,这是高速率、高传播时延的卫星数据传输系统所难以忍受的。

2）回退 N 步式 ARQ

在回退 N 步 ARQ 协议中,发送端会一次性发送一组数据包,该组数据包中每个数据包的译码结果会单独进行反馈。若其中的某一个数据包接收失败,则该包之前的所有包都会被丢弃,并要求重新发送。如图 9-6 所示。在图 9-6 中,发送端在收到第一个数据包的反馈信息时,已经发送了 7 个数据包;由于包 1 的反馈结果为 ACK,故发送端继续发送第 8 个数据包。同理,第 9 个数据包也被发送出去。但是,因为包 3 的译码结果为 NACK,所以接收端也会将包 3 以及之后的所有数据包全部丢弃,而发送端会将这些数据包重新发送一次。同样,在包 7 出错之后,接收端和发送端也会再次采取丢弃和重发的操作。可以看出,包 4 至包 6 受包 3 的影响被重传一次,包 8 至包 13 受包 7 的影响被重传一次,而发送端根本没有机会考虑这些包是否需要重发,这实际上造成了系统资源的浪费。回退 N 步式 ARQ 的优缺点如下。

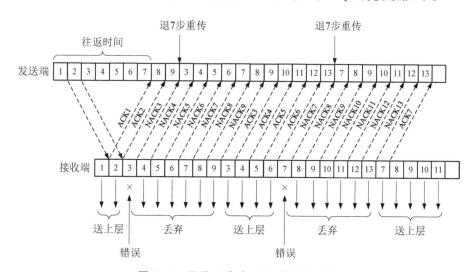

图 9-6　回退 N 步式 ARQ 的工作原理

（1）优点：① 发送端会源源不断地发送数据帧,提高了信道利用率;② 不需要像停等式 ARQ 那样,停下来等待某一个包的反馈信息,使系统不必在多种状态之间来回切换。

（2）缺点：① 尽管信道被比特流填满，但会存在一些不必要的重传数据帧，有效帧的数量没有达到最多；② 当信道干扰较大时，系统可能会处于重发循环中，使得传输效率低下。

3）选择重发式 ARQ

在选择重发式 ARQ 协议中，发送端会连续不断地发送数据包，并且只对出错的数据包进行重传。如图 9-7 所示。在图 9-7 中，发送端在发送完第 9 个数据包后，收到了第 3 个数据包的 NACK 信息，因此发送端首先对第 3 个数据包进行重传，之后再继续发送第 10 个数据包。同样的，发送端在发送第 12 个数据包之前也对第 6 个数据包进行了重传，但由于信道的剧烈变化，重传包 6 和新包 12 均译码失败，因此发送端再次重传包 6 和包 12。可以看出，发送端只对出错的数据包进行重传，节省了系统资源。选择重发式 ARQ 的优缺点如下。

（1）优点：① 信道会被比特流填满，提高了信道利用率，且每个数据包都是有效数据，避免了不必要的重传信息；② 不必停下来等待反馈信息，不受传输时延和译码时延的影响。

（2）缺点：① 数据包有可能不是按序排列的，接收端需要借助顺序字符进行排序；② 该协议需要缓存译码成功的数据包，对接收端的缓存容量要求较高。

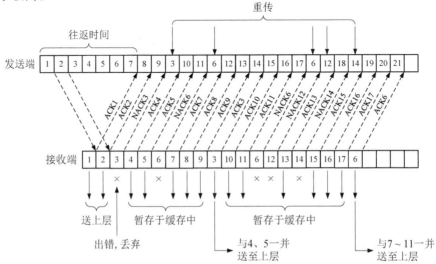

图 9-7 选择重发式 ARQ 的工作原理

2. 适用于自适应传输系统的协议

为了选择与本书研究背景最契合的传输协议,本小节对上述三种协议的传输性能进行分析对比。

1) 相同条件下可传输的有效数据包个数的对比

定义一个数据包的传输时延为 t_{tran},接收端和发送端之间的传播时延为 τ,一个数据包的译码时延为 t_d,反馈帧的传输时延为 t_{ACK},时间 T 内发送的译码成功的数据包为有效数据包,系统的平均误包率为 B_p。

对于停等式 ARQ 而言,从发送一个数据包到开始发送下一个数据包之间的时间间隔为

$$t_p = t_{tran} + 2\tau + t_d + t_{ACK} \tag{9-1}$$

因此,停等式 ARQ 在时间 T 内可以发送的数据包个数为

$$N_1 = \mathrm{floor}(T/t_p) \tag{9-2}$$

其中,floor 函数表示向零方向取整,则有效数据包个数为

$$N'_1 = N_1(1 - B_p) \tag{9-3}$$

对于回退 N 步式 ARQ 而言,时间 T 内能够发送的数据包个数为

$$N_2 = \mathrm{floor}(T/t_{tran}) \tag{9-4}$$

仅对此 N_3 个数据包进行考虑,总的有效数据包个数为每个数据包译码成功时的加权和:

$$N'_2 = \sum_{i=1}^{N_2} (1 - B_p)^{i-1} B_p(i-1) + N_2 (1 - B_p)^{N_2} \tag{9-5}$$

对于选择重发式 ARQ 而言,时间 T 内能够发送的数据包个数为

$$N_3 = \mathrm{floor}(T/t_{tran}) \tag{9-6}$$

仅对此 N_3 个数据包进行考虑,总的有效数据包个数为每个数据包译码成功时的加权和:

$$N'_3 = N_3(1 - B_p) \tag{9-7}$$

显然,$N'_3 > N'_2 > N'_1$,即相同条件下选择重发式 ARQ 能够传输最多的有效数据包。需要说明的是,在计算 N'_2 时,仅考虑了当前时间 T 内 N_2 个数据包的成功与否,而未考虑其对后续数据传输的影响。实际上,该 N_2 个数据包译码

失败造成的冗余重发还会迟滞后续数据包的发送,进一步降低整个系统的有效数据包个数。因此,若考虑整个传输过程,回退 N 步 ARQ 的有效数据包数会小于计算值 N_2'。

2）与无速率码的兼容性对比

星地数据传输中往往会同时采用信道编码和 ARQ 协议进行纠错和检错重发。本节中的三种 ARQ 协议只是对数据包进行检错,没有采用具有纠错能力的信道编码,因此只能将出错数据包进行丢弃并要求重发。对于码率固定的编码方式,此三种 ARQ 协议可直接与其相结合使用。但对于无速率码,则希望能够利用桶积水效应充分利用每一次的重传数据,而非直接丢弃。这就需要考虑 ARQ 协议与无速率码的兼容性问题。

在仅采用 ARQ 协议时,若卫星信道长时间处于较差的状态,则系统会陷入重发循环中,甚至会使数据传输中断。实际上,尽管每次传输的数据包是由相同的比特序列组成的,但由于高斯噪声的随机性,各比特值收到的干扰程度不同,故含有的信息量也不同。若能将每次重传的结果合并进行译码,会产生互补效应,使每个比特值获得的信息量不断增加,大大提高了译码成功概率,这实际上就是无速率码的桶积水效应。可以看出,实现桶积水译码效应需要满足的条件为:当数据包译码失败时,将译码结果进行缓存而非丢弃。这就恰好与选择重发式 ARQ 的特点相契合。

综上所述,选择重发式 ARQ 具有以下特点:

（1）相同条件下,可以传输的有效数据包个数是最多的,传输效率是最高的;

（2）能够与无速率码的桶积水效应相契合,具有最高的译码成功概率。

本节给出了选择重发 ARQ 的两个缺点。对于缺点①,本书已经在 9.2 节中设计了能够记录数据包序号的数据帧和反馈帧,恰好能够解决此问题。对于缺点②,一方面,这是无速率码的桶积水效应的必需条件;另一方面,本书考虑的接收端是地面站,一般均具有大容量缓存能力,足以满足数据处理的需求。

根据上述分析,本书的自适应传输系统采用的 MAC 层协议为选择重发式 ARQ 协议。

9.3.2 发送端和接收端工作流程的设计

本小节对无速率码自适应传输系统的发送端和接收端的工作流程进行

设计,其原因主要有以下两点。

(1) 9.2 节中只是给出了数据帧和反馈帧的生成方法,没有说明接收端和发送端收到数据后的具体操作流程,也没有给出译码成功或失败之后的处理方法,而这些都需要作进一步的设计。

(2) 卫星信道时刻处于动态变化之中,可能会有数据帧受到严重的噪声干扰,导致某个数据包译码失败。在这种情况下,发送端就需要继续发送该数据包的冗余编码数据,依靠无速率码的桶积水特点在渐进模式下继续译码。如何在接收端和发送端之间实现动态的桶积水过程,也需要进行设计。

在本书设计的自适应传输系统中,发送端的工作流程如图 9 - 8 所示。为了便于理解,定义一个数据包首次发送的若干个传输单元为新传输单元,简称为新 Δm;定义译码失败后重新发送的传输单元为冗余传输单元,简称为冗余 Δm。 MAC 层根据反馈信息判断上一组数据包的译码结果,若数据包均成功恢复,则直接对新数据包添加包头和 CRC 校验信息;若有数据包译码失败,则保留此源数据包,之后再对新包进行处理。然后,MAC 层将生成的一组源数据包传递至物理层进行无速率编码。物理层事先并不知道输入的源数据包中是否存在需要重传的数据包,因此也会进行判断,若所有源数据包均为新包,则将其送入编码器进行编码;若某个数据包为重传包,则会优先对其进行编码,之后再对新数据包进行编码。接下来,将按 9.2.1 节中的方法对所有编码包拆分形成新 Δm 和冗余 Δm,之后进行重组操作形成物

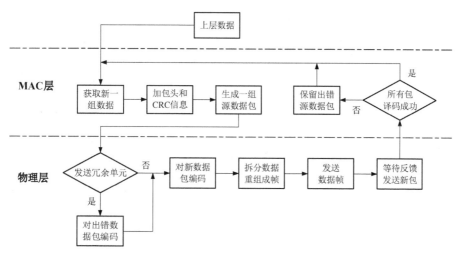

图 9 - 8　发送端的工作状态示意图

理层数据帧。最后,发送端将若干个数据帧通过卫星信道传输至接收端,继而发送下一组数据包并等待之前的反馈结果。

需要说明的是,当某个数据包译码失败后,发送端并不会停止发送下一组新数据包,也并不将冗余 Δm 单独作为一个数据帧进行发送,原因如下:

(1)每次只发送一个数据帧,会使信道的空闲期增加,降低了数据传输效率;

(2)接收端采用并行译码方式,可以在对新数据包译码的同时,完成对出错数据包的渐进式译码。

因此,发送端会将出错数据包的冗余 Δm 与新包的新 Δm 一起发送,这样可以大幅减少信道的空闲期,使发送端和接收端能在最大程度上利用系统资源进行数据处理,提高了系统吞吐量。

本书设计接收端的工作流程如图 9-9 所示。物理层对接收到的数据帧进行拆分,之后对是否含有冗余 Δm 进行判断,若存在出错包的冗余 Δm,则先将冗余 Δm 与该包之前的 Tanner 图合并,形成一张更大的新 Tanner 图,接下来再对新 Δm 进行重组;若不存在,则直接进行重组操作。然后,物理层会对所有数据包进行并行译码,将译码后的数据送至 MAC 层。MAC 层对译码数据进行 CRC 校验,若所有源数据包均被成功恢复,则将其传递至上一层;若存在源数据包译码失败,MAC 层会先提取已被成功恢复的源数据包并传

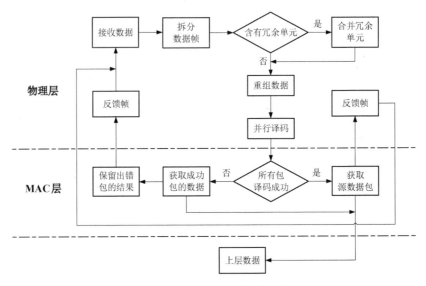

图 9-9 接收端的工作状态示意图

递至上一层,然后继续保留缓存区中出错数据包的译码信息,以便于与下一次的冗余 Δm 进行合并,实现渐进式 BP 译码。在此之后,发送端会将本次的译码结果以反馈帧的形式传输至发送端,然后进入等待接收数据状态。

9.3.3　选择重发 ARQ 协议下收发两端的工作流程实例

本小节将 9.2.1 节中的选择重发 ARQ、9.2.3 节中的工作流程与无速率码的桶积水效应相结合,以一个实例对自适应传输系统的数据收发的完整过程进行分析,如图 9 - 10 所示。

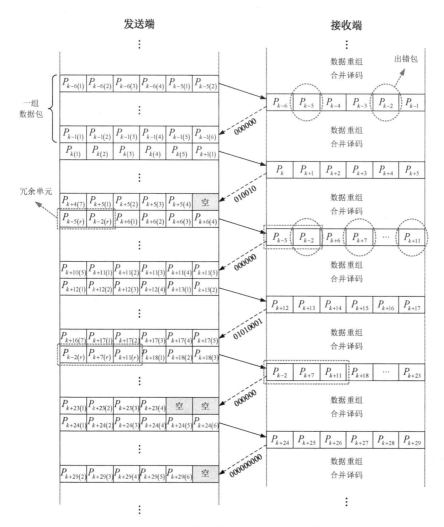

图 9 - 10　收发两端的工作流程实例图

定义 P_k 表示第 k 个数据包，$P_{k(i)}$ 表示第 k 个数据包的第 i 个新 Δm，$P_{k(r)}$ 表示第 k 个数据包的冗余 Δm（并不确定的表示是哪一个冗余单元）。在图 9-10 所示的传输过程中，发送端每次会将 6 个新数据包作为一组进行发送，但每组数据帧中不仅含有当前组数据包的新 Δm，还可能存在之前出错数据包的冗余 Δm；每个数据帧可以存放 6 个 Δm，共有 6 组数据帧被发送出去，分别为第 $N-1$ 组，$\cdots$，第 $N+4$ 组。

（1）发送端在传输第 $N-1$ 组帧的过程中收到的是第 $N-2$ 组帧的反馈信息，但发送端并不是收到反馈后立即进行处理，而是先将其存放至缓存区中，直到第 $N-1$ 组包全部发送完毕后才对反馈帧进行处理。第 $N-2$ 组帧的反馈信息为 000000，表示第 $N-2$ 组包全部译码成功，故而不需要发送冗余 Δm，此时发送端会将第 $N-2$ 组包的编码数据从缓存区中清除，并继续发送第 N 组包的新 Δm。第 N 组帧的最后一个数据帧未能填满，用空 Δm（即全零比特）代替。

（2）接收端在接收第 N 组帧的同时也在对第 $N-1$ 组帧进行译码。其中，包 P_{k-5} 和 P_{k-2} 在 MAC 层校验失败，故需要借助冗余 Δm 完成译码。之后，接收端将根据数据包的顺序生成本次的反馈信息 010010，并以反馈帧的形式传输至发送端；同时，将包 P_{k-5} 和 P_{k-2} 的译码信息保留在缓存区中，而其余包的译码结果则被送至上层并从缓存区中清除。

（3）发送端在发送完第 N 组帧之后开始处理第 $N-1$ 组帧的反馈信息。根据反馈信息 010010 显示，包 P_{k-5} 和 P_{k-2} 译码失败，因此发送端先将包 P_{k-5} 和 P_{k-2} 的冗余单元 $P_{k-5(r)}$ 和 $P_{k-2(r)}$ 添加至本组数据帧的最前端，而后再将第 $N+1$ 组包的新 Δm 按序依次进行填充。之后，发送端会将包 P_{k-5} 和 P_{k-2} 的编码数据保留在缓存区中，而将第 $N-1$ 组中其余包的数据清除。

（4）接收端对收到的第 $N+1$ 组帧进行拆分处理，然后将包 P_{k-5} 和 P_{k-2} 的冗余 Δm 与之前的译码信息合并，在扩展的 Tanner 图上渐进译码；同时，将新包的新 Δm 重组成完整的可译编码段，与出错包一起进行并行译码。

（5）发送端在传输第 $N+1$ 组帧的过程中收到第 N 组包的反馈信息为 000000，故而不需要发送冗余 Δm，此时发送端会将第 N 组包的编码数据从缓存区中清除，并继续发送第 $N+2$ 组包的新 Δm。

（6）接收端在接收第 $N+2$ 组帧的同时也在对第 $N+1$ 组帧进行译码。其中，包 P_{k-2}、P_{k+7}、P_{k+11} 的 CRC 校验失败，故反馈信息为 01010001。

（7）发送端在发送完第 $N+2$ 组帧之后开始处理第 $N+1$ 组帧的反馈结

果。根据反馈信息 01010001 显示,包 P_{k-2}、P_{k+7}、P_{k+11} 译码失败,故将冗余 Δm 添加至第 $N+3$ 组帧的最前端,而后再将第 $N+3$ 组包的新 Δm 按序依次进行填充。未被填满的数据帧的末尾则用空 Δm 代替。

（8）接收端在对第 $N+2$ 组包译码的同时也在接收第 $N+3$ 组帧的数据。第 $N+2$ 组包全部校验成功,故反馈信息为 000000。

（9）发送端在发送完第 $N+3$ 组帧之后开始处理第 $N+2$ 组帧的反馈结果。反馈信息 000000 代表着第 $N+2$ 组包全部译码成功,故不需要任何冗余 Δm。之后,发送端将第 $N+4$ 组包的新 Δm 按序依次进行填充至 $N+4$ 组数据帧,并传输至接收端。

（10）接收端在渐进译码模式下成功完成了包 P_{k-2}、P_{k+7}、P_{k+11} 的译码,并生成了反馈信息 000000000。同时,也开启了对第 $N+4$ 组数据包的并行译码进程。

上述实例中包含了 9.2 节中的基于数据拆分重组的帧结构和集中反馈技术、9.3.1 节中的选择重发式 ARQ 协议及 9.3.2 节中的工作流程设计等多项内容,联合发送端和接收端实现了完整的数据收发过程,为进一步形成完整的闭环自适应传输系统奠定了基础。

9.3.4　自适应传输系统采用的无速率码及编码算法

1. 系统采用的无速率码

根据 9.3.3 节的实例分析,系统会对出错数据包不断重传直至译码成功,但在实际传输过程中,希望每个数据包都能一次性传输成功,且尽量减少重传次数。数据包是否译码成功取决于无速率码的 BER 性能,在第 3 章中设计了能够大幅降低 LT 码误码平台的 4 种编码算法,但却无法消除误码平台。降低误码平台实际上是将出错数据包的平均个数维持在更低的水平,但却无法使所有数据包都能译码成功。当存在数据包译码失败时,发送端和接收端都会将该数据包的相关信息保留在缓存区,数据帧和反馈帧的帧头中也需要增加额外的信令开销,过多的冗余 Δm 甚至可能会打乱正常的数据传输进程。因此,本书的自适应传输系统中将采用能够完全消除误码平台的无速率码,即 Raptor 码,进行数据传输。

1）低复杂度的预编码

尽管 Raptor 码可以利用 LDPC 码部分消除 LT 码的误码平台,但却增加了编译码复杂度。为了使 Raptor 码的编译码复杂度降至最低,本书采用了固定码率的规则 LDPC 码,这是因为码率固定的规则 LDPC 码的校验矩阵 H_{LDPC} 和生成矩阵 G_{LDPC} 可以通过 PEG 算法生成,并且形式具有不变性。因此发送端可以将 H_{LDPC} 和 G_{LDPC} 存储起来,在对源数据包进行 LDPC 编码时直接调用 G_{LDPC},将其与 K 个信息比特 $\boldsymbol{v} = \{v_1, v_2, \cdots, v_K\}$ 相乘并异或,即可得到 LDPC 码的编码结果。LDPC 编码器只需要进行异或运算,编码复杂度大大降低了。此外,每个源数据包采用的都是同一个 H_{LDPC} 和 G_{LDPC},所以非常便于进行并行编码,通过空间换取时间,进一步缓解了发送端的编码压力。

2)低复杂度的译码方式

接收端在对 LDPC 码部分译码时,需要按照 H_{LDPC} 中的节点分布情况进行 LLR 信息的传递更新。如果每次都将 H_{LDPC} 作为数据的一部分进行传输至接收端,必然会增加额外的开销,降低有效数据率,因此本书将固定形式的 H_{LDPC} 和 G_{LDPC} 存储在接收端,LDPC 译码器在译码时只需要调取 H_{LDPC} 即可,节省了数传开销。另外,本书在接收端没有采用串行译码方式,而是采用了效率更高的联合译码算法,使 LLR 信息能够在 LT 码和 LDPC 码之间互相传递并产生增益,加快了信息收敛速度,通过减少迭代次数降低了 Raptor 码的译码复杂度。本书会在后续章节中对联合译码算法进行详细说明。

需要说明的是,尽管采用了 Raptor 码进行传输,但第 8 章中设计的 4 种算法仍会应用于其中的 LT 码部分。

2. 发送端的高效编码方式

本小节已指出,可以通过空间换取时间的方式将 Raptor 码中 LDPC 码部分的编码复杂度降至最低。此时,对发送端编码复杂度影响最大的就是 LT 码部分。因此,本小节也将对 LT 码采用类似的方式以进一步降低发送端的编码复杂度。

LT 码的编码过程主要包含三个部分:一是按度分布函数依概率产生 N 个度数值;二是进行 N 次随机选择信息节点的操作;三是进行 N 次异或运算。由此造成的高编码复杂度降低了 LT 码的实用性,有如下原因。

(1)由于 LT 码的生成矩阵 G_{LT} 具有不确定性,所以每个源数据包都需要进行独立编码,且产生的 G_{LT} 无法通用。

(2)当某一个数据包译码失败时,发送端需要再次调取该数据包进行编码,占用了编码线程。

(3)无论是新 Δm 还是冗余 Δm,发送端都需要将对应的 Tanner 图与编码数据一起传输,产生了额外开销,降低了有效数据率。

　　考虑到高编码复杂度的影响,本节对 LT 码进行过量编码,并采用固定形式的生成矩阵 $\boldsymbol{G}_{LT}$ 作为基准矩阵。假设 N_{max} 是链路预算的最低信噪比下 LT 码成功译码时所需要的编码节点个数,LDPC 码的码率为 R_{LDPC},源数据包比特数为 K,则 LT 码的信息节点个数为 K/R_{LDPC},发送端会按一定的编码算法生成 K/R_{LDPC} 行、N_{max} 列的生成矩阵 $\boldsymbol{G}_{LT(max)}$ 并存储起来。当 K/R_{LDPC} 个 LDPC 码的变量节点输入时,LT 码的编码器会将其与 $\boldsymbol{G}_{LT(max)}$ 相乘并异或,一次性产生 N_{max} 个编码节点。因此,LT 码的编码器也只需要进行相乘和异或运算,大大降低了编码复杂度。接收端也只需要将 $\boldsymbol{G}_{LT(max)}$ 存储起来,译码时直接调用即可,不需要再将 $\boldsymbol{G}_{LT(max)}$ 与编码数据一起发送,避免了额外的开销。需要说明的是,发送端并不是每次都将 N_{max} 个编码节点全部传输,而是按照 9.2.1 节的方式将其拆分成 M 个 Δm,每次发送的新 Δm 的个数取决于当前的信道状态,由发送端自适应调整。

　　上述操作采用了固定形式的 $\boldsymbol{G}_{LT(max)}$ 进行编码,其对 LT 码的随机性造成的影响十分有限,原因在于在实际传输系统中,一般采用长码(码长大于 10^4)以达到更好的 BER 性能[32],而根据大数定律可知,当大量重复某一实验时,最后的频率无限接近事件概率;换言之,在采用长码时,编码后信息节点和校验节点的度分布可以近似代替理论值。这表明,即使采用结构固定的生成矩阵 $\boldsymbol{G}_{LT(max)}$,也足以满足 LT 码的随机性,且不会损害其无速率特性。

　　综上所述,本节通过对 LT 码进行过量编码,固化了生成矩阵 $\boldsymbol{G}_{LT}$ 的结构,再次实现了以空间换取时间的效果,提高了发送端的编码效率。

　　3. 发送端采用的编码算法

　　第 8 章中设计的 4 种编码算法应用于 LT 码部分时,也会对 Raptor 码的 BER 性能产生较大的增益。本小节将选择最合适的编码算法应用于自适应传输系统中。

　　前 3 种算法的核心是将信息节点按度数值大小进行分类,并使校验节点优先从小度数值的信息节点中选取,故而在编码过程就消除了小度数值的信息节点,其特点如下。

　　(1)不会改变无速率特性。每生成一个新的校验节点时,都是在之前编码结果的基础上,选择度数值最小的 d 个信息节点作为邻居节点。因此,即使将长度为 N_{max} 的编码数据切分成 M 个 Δm,前 $m(1 \leqslant m \leqslant M)$ 个 Δm 都具有码率值 m/M 下的最优信息节点度数分布。

　　(2)具有自主学习的特点。编码器会主动学习之前的编码结果,并为新校验节点自主地选取邻居节点,发送端不需要对编码器输入其他的控制信息,避免了外界因素的干扰。

(3)不改变校验节点的度数分布。节点分类算法是对信息节点进行分类和控制,不会改变校验节点的度分布,能够确保 CND 的 EXIT 曲线不向左移,不会对 LT 码的译码收敛性造成减益效果。

第 4 种算法的核心在于阈值的设计,其特点如下。

(1)需要通过阈值控制编码过程。编码器在不同信噪比下生成不同码率值的编码数据时采用的阈值是不同的,因此发送端需要根据不同的参数条件对阈值进行实时切换。

(2)无速率性能会受到影响。将长度为 N_{max} 的编码数据切分成 M 个 Δm,前 $m(1 \leqslant m \leqslant M)$ 个 Δm 构成的编码数据并不是码率值 m/M 下的最佳阈值,这是因为码率值和信噪比的变化都会对最佳阈值造成影响。

本小节中设计的高效编码方式中,对 LT 码预先进行过量编码,通过采用固定结构的 $G_{LT(max)}$ 大幅降低了编码复杂度。但前提是长度为 N_{max} 的编码数据在拆分后的无速率性能不变,因此基于节点分类的算法能够更好地与高效编码方式相契合,其中,又以算法 3 的 BER 性能最好。

综上所述,在本书的自适应传输系统中,拟采用鲁棒性更高、BER 性能更优的算法 3 作为发送端的编码算法。

9.3.5 接收端译码方式的设计

1. 含有冗余 Δm 的渐进译码方式

9.2.1 节中设计的基于数据拆分的帧结构是为了更好的发挥无速率码的桶积水效应。Raptor 码的桶积水效应是依靠 LT 码部分完成的,具体表现为:当前 Δm 的个数不足以成功恢复出源数据包时,接收端会接收冗余 Δm 并利用之前的译码信息对其进行初始化,然后继续进行迭代译码,上述过程也被称为渐进模式译码。

这样处理的好处在于:① 节省了译码开销,发送端不必发送相同个数的新 Δm 进行重新译码,只需要发送极少数的冗余 Δm 辅助译码即可;② 加快了译码收敛过程,译码器利用之前保留在缓存区的译码信息对冗余 Δm 的 LLR 值进行初始化,使冗余 Δm 快速进入译码过程,也加快了整体 LLR 值的收敛速度。

可拆分的编码数据为桶积水效应提供了前提条件。新 Δm 与冗余 Δm

的合并译码实际上是将冗余校验节点和编码节点添加至原有的 Tanner 图中,然后在新的更大的 Tanner 图中进行 LLR 信息的传递和更新。这就需要给出冗余节点初始化时 LLR 信息的具体处理方法,才能使冗余节点正确地参与到译码过程中。

不失一般性,假设每个 Δm 含有一个编码节点和校验节点。在图 9-11 中,N 个新 Δm 不足以恢复出源数据,故而发送端继续发送了两个冗余 Δm 进行渐进译码。定义第 l 次迭代结束之后,新 Δm 中的校验节点传递给信息节点的 LLR 信息为

$$L_{c_j \to v_i(n)}^{(l)} = 2 \tanh^{-1}\left[\tanh\left(\frac{L_{ch(n)}^j}{2}\right) \times \prod_{i \in N(j)\setminus(i)} \tanh\left(\frac{L_{v_i \to c_j(n)}^{(l-1)}}{2}\right)\right] \quad (9-8)$$

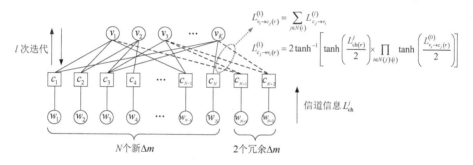

图 9-11　新 Δm 和冗余 Δm 构成的 Tanner 图

信息节点传递给校验节点的 LLR 信息为

$$L_{v_i \to c_j(n)}^{(l)} = \sum_{j \in N(i)\setminus(j)} L_{c_j \to v_i(n)}^{(l)} \quad (9-9)$$

定义冗余 Δm 第一次参与迭代时,校验节点传递给信息节点的 LLR 信息为

$$L_{c_j \to v_i(r)}^{(1)} = 2 \tanh^{-1}\left[\tanh\left(\frac{L_{ch(r)}^j}{2}\right) \times \prod_{i \in N(j)\setminus(i)} \tanh\left(\frac{L_{v_i \to c_j(r)}^{(0)}}{2}\right)\right] \quad (9-10)$$

信息节点传递给校验节点的 LLR 信息为

$$L_{v_i \to c_j(r)}^{(1)} = \sum_{j \in N(i)} L_{c_j \to v_i(n)}^{(l)} \quad (9-11)$$

并有

$$L_{v_i \to c_j(r)}^{(0)} = 0 \quad (9-12)$$

式(9-10)~式(9-12)是冗余 Δm 的初始化过程,之后新 Δm 和冗余 Δm 将在一张新 Tanner 图内按式(3-18)和式(3-19)进行 LLR 信息的迭代更新,两者之间不再区分。渐进译码模式下信息节点的个数不变,在接收冗余 Δm 时所有信息节点均已完成了 l 次迭代且获得了非零 LLR 信息。进一步,信息节点会通过式(9-11),将其从新 Δm 处获得的非零 LLR 信息传递给冗余 Δm 中的校验节点,使冗余校验节点在第一次迭代结束时就获得了非零 LLR 信息,加快了译码收敛过程。冗余 Δm 增加了 LLR 信息的流动去向和信息节点的平均度数,在提升了译码效率的同时提高了信息节点的恢复概率。

2. Raptor 码的联合 BP 译码方式

9.3.4 节中指出,采用联合译码算法的 Raptor 码可以降低迭代次数,提高接收端的译码效率。本小节对联合译码算法的具体操作进行说明。

Raptor 码的传统译码方式为串行 BP 译码: 先对 LT 码部分进行 p 次迭代译码,然后将 LT 码信息节点的 LLR 判决值传递给 LDPC 码部分,由 LDPC 译码器再次进行 q 次迭代译码,最后经过判决即可得到译码结果。串行译码方式是将 LT 码和 LDPC 码作为独立的两部分进行译码,两者之间仅会发生一次译码信息的传递,而非交换。实际上,LT 码和 LDPC 码之间可以通过交换译码信息产生增益,提高 Raptor 码的译码收敛速度,这就是联合 BP 译码方式,下面对该算法的具体操作进行说明。

在联合译码方式中,LLR 信息在 LT 译码器中迭代 p 次后送入 LDPC 译码器,然后在 LDPC 译码器中进行 q 次迭代,之后被送回至 LT 译码器迭代 p 次,最后再送至 LDPC 译码器迭代 q 次,如此一个循环称为一次联合迭代。定义联合译码方式的迭代次数的表示形式为(p , q , l),其中 l 为联合迭代次数。定义 p 次迭代后 LT 码的校验节点传递给信息节点的 LLR 值为

$$L_{c_j \to v_i}^{(p)} = 2 \tanh^{-1}\left[\tanh\left(\frac{L_{\mathrm{ch}}^j}{2}\right) \times \prod_{i \in N(j) \setminus (i)} \tanh\left(\frac{L_{v_i \to c_j}^{(p-1)}}{2}\right) \right] \qquad (9-13)$$

信息节点传递给校验节点的 LLR 信息为

$$L_{v_i \to c_j}^{(p)} = \sum_{j \in N(i) \setminus (j)} L_{c_j \to v_i}^{(p)} \qquad (9-14)$$

对于信息节点 v_i,其在 LT 码部分的 LLR 判决值为

$$L_{\mathrm{LT}}^{(p)}(v_i) = \sum_{j \in N(i)} L_{c_j \to v_i}^{(p)} \qquad (9-15)$$

定义 q 次迭代后 LDPC 码的校验节点传递给信息节点的 LLR 值为

$$L_{b_j \to v_i}^{(q)} = 2 \tanh^{-1} \left[\prod_{i \in N(j) \backslash (i)} \tanh\left(\frac{L_{v_i \to b_j}^{(q-1)}}{2} \right) \right] \qquad (9-16)$$

信息节点传递给校验节点的 LLR 信息为

$$L_{v_i \to b_j}^{(q)} = L_{\mathrm{LT}}^{(p)}(v_i) + \sum_{j \in N(i) \backslash (j)} L_{b_j \to v_i}^{(q)} \qquad (9-17)$$

对于信息节点 v_i，其在 LDPC 码部分的 LLR 判决值为

$$L_{\mathrm{LDPC}}^{(q)}(v_i) = L_{\mathrm{LT}}^{(p)}(v_i) + \sum_{j \in N(i)} L_{b_j \to v_i}^{(q)} \qquad (9-18)$$

且有

$$L_{v_i \to b_j}^{(0)} = L_{\mathrm{LT}}^{(p)}(v_i) \qquad (9-19)$$

显然，信息节点在 LDPC 码部分获得的增益为

$$g_{\mathrm{LDPC}} = \sum_{j \in N(i)} L_{b_j \to v_i}^{(q)} \qquad (9-20)$$

故第 $p+1$ 次迭代时，信息节点 v_i 传递给校验节点的 LLR 信息为

$$L_{v_i \to c_j}^{(p+1)} = g_{\mathrm{LDPC}} + \sum_{j \in N(i) \backslash (j)} L_{c_j \to v_i}^{(p)} \qquad (9-21)$$

之后，LT 码部分将继续进行迭代译码，且信息节点的判决值为

$$L_{\mathrm{LT}}^{(2p)}(v_i) = \sum_{j \in N(i)} L_{c_j \to v_i}^{(2p)} \qquad (9-22)$$

则信息节点在 LT 码部分获得的增益为

$$g_{\mathrm{LT}} = L_{\mathrm{LT}}^{(2p)}(v_i) - L_{\mathrm{LDPC}}^{(q)}(v_i) \qquad (9-23)$$

故第 $q+1$ 次迭代时，信息节点 v_i 传递给校验节点的 LLR 信息为

$$L_{v_i \to b_j}^{(q+1)} = g_{\mathrm{LDPC}} + L_{\mathrm{LT}}^{(p)}(v_i) + \sum_{j \in N(i) \backslash (j)} L_{b_j \to v_i}^{(q)} \qquad (9-24)$$

之后，LDPC 码部分将继续进行迭代译码，且信息节点的判决值为

$$L_{\mathrm{LDPC}}^{(2q)}(v_i) = L_{\mathrm{LT}}^{(p)}(v_i) + \sum_{j \in N(i)} L_{b_j \to v_i}^{(2q)} \qquad (9-25)$$

至此,完成了一次完整的联合迭代译码。可以看出,关键之处在于:① 求解 LLR 信息在 LT 码部分和 LDPC 码部分获得的增益;② 将增益值准确地添加至 LLR 信息的迭代过程中。为便于理解,在图 9-12 中给出了 LLR 信息的流动示意图。

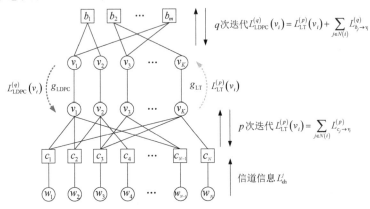

图 9-12　联合译码算法下 LLR 信息的流动示意图

3. 接收端的联合——渐进译码方式

根据上述分析可知,渐进译码能够适配无速率码的桶积水效应,联合译码能够提高 Raptor 码的译码效率,因此本书自适应传输系统的接收端将同时采用渐进译码方式和联合译码方式,称其为联合——渐进译码方式,如图 9-13 所示。两种译码方式的具体操作步骤已经在前文详细说明,本节只对

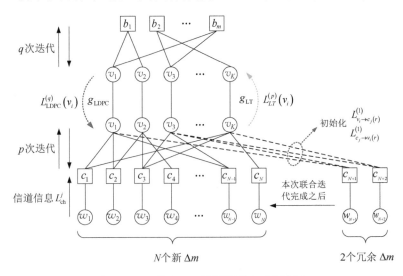

图 9-13　联合——渐进译码方式示意图

以下两个问题进行说明。

（1）在联合——渐进译码方式中，渐进译码是无速率码独有特性，只发生在 Raptor 码中的 LT 码部分，与 LDPC 码部分无关；联合译码是适用于 Raptor 码的译码方式，需要 LT 码部分和 LDPC 码部分共同完成。

（2）若接收冗余 Δm 时译码器正在进行联合译码，接收端并不会立即打断此次联合译码过程，而是先将冗余 Δm 存放在缓存区；待此次联合译码结束后，利用 LT 码部分的译码信息对冗余 Δm 进行初始化；之后接收端会在新的 Tanner 图中继续进行下一次的联合译码。

9.4　发送端编码速率自适应调整方法设计

9.4.1　算法的立足点

在 9.3 节设计的工作机制中，某个数据包译码失败时，发送端会传输该数据包的冗余 Δm 辅助完成译码。在实际传输系统中，若有数据包译码出错，发送端需要缓存该数据包的编码数据并调用冗余 Δm，接收端也需要缓存该数据包的译码信息并额外调用译码线程，这不仅使收发两端的内存过高，还占用了大量的系统资源；若有过多的数据包需要重传时甚至会造成系统的崩溃。

基于上述分析，本书希望所有数据包均能一次性传输成功，尽量避免重传。这就需要发送端根据信道状态的好坏，自适应地减少或增加每个数据包的新 Δm 个数，使其始终保持在最佳值。在 9.2.1 节中可知，不同个数的 Δm 实际上对应着一系列的离散码率值。因此，发送端自适应地将新 Δm 的个数调整至最佳值，实际上就是将码率调整至最佳值，即自适应调整码率算法。

通过改变 Δm 的个数实现调整码率的功能，其合理性如下。

（1）最佳的 Δm 的个数能够在可靠传输的前提下使系统的链路余量利用率最高。Δm 的个数直接决定了码率值的大小，若发送的新 Δm 的个数过少，虽然码率值和链路余量利用率会很高，但数据包必定译码失败；若发送的新 Δm 的个数过多，数据包必然会译码成功，但链路余量利用率会维持在较低水平。

（2）Raptor 码的 BER 具有典型的瀑布区，即门限效应。当 Δm 的个数达到一定值时,数据包的平均 *BER* 会迅速降至 0,成功译码概率也会迅速上升至 1,如图 9-14 所示。进一步,如果每个数据包的新 Δm 个数都与信道状态相匹配,则系统就能一直维持成功传输的状态。

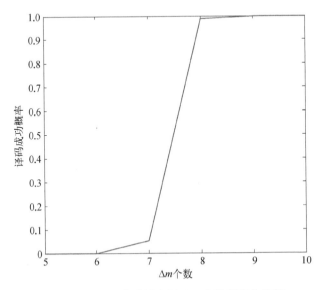

图 9-14　译码成功概率随 Δm 个数的变化趋势

"这两点也是本节设计自适应调整码率算法的立足点。本书希望自适应传输系统能够达到如下传输效果:发送端在发送每组数据包前,都能够根据信道状态迅速地将新 Δm 的个数调整至最佳值。因此,本书需要设计一种简单、高效的自适应调整码率算法以实时完成最佳 Δm 个数的计算。"

9.4.2　线性加权调整码率算法

1. 算法的设计理念及合理性分析

1) 算法的设计理念

如果每个数据包的新 Δm 的个数都恰好是当前信道状态下的最佳 Δm 个数时,系统的运行效率是最高的。星地距离的变化直接影响着自由空间传输损耗,也决定了接收端信噪比的大小。卫星的运行轨道和相关参数都是预先设计好的,一般不会改变,因此对于某个固定位置的地面站而言,卫星每次过境时的星地距离变化规律是确定的。进一步而言,在点对点的传输模型下,可以认为固定地面站的接收信噪比是规律变化的。这就对自适应调整码率算法的设计产生如下启示:能否利用信噪比的变化求出每个

数据包的新 Δm 的个数？这当然是可以的。假设通过某种方式，使第 $i-1$ 组数据包的新 Δm 的个数是当前信道状态下的最佳值，并对第 i 组数据包也采用相同个数的新 Δm；之后接收端收到第 i 组包的反馈信息，若第 i 组包全部译码成功，则说明信道状态维持不变或者在变好；若第 i 组数据包中存在出错包，则说明信道状态在变差。进一步，若发送端能够得知第 i 组包中出错包需要的冗余 Δm 的个数，则可以利用第 i 组包新 Δm 的个数和成功译码时实际使用的 Δm 的个数，对第 $i+1$ 组包需要的新 Δm 的个数进行预判。

上述判断方法实际上是一种线性加权调整算法，这种算法实际上是在两个前提下实施的：

（1）发送端从开始发送某一组数据包到收到该组数据包的反馈信息为止，这段时间内的信噪比变化幅度较小；

（2）不同信噪比区间内的最佳 Δm 个数不同。

2）线性加权调整算法的合理性分析

下面对这两个前提的合理性进行分析。

采用与 9.3.1 节相同的方式，定义一组数据包的传输时延为 t_{tran}，星地传播时延为 τ，一个数据包的译码时延为 t_{d}，ACK 帧的传输时延为 t_{ACK}。假设卫星和地面站之间的距离为 D_{TR}（单位为 m），光速为 c，卫星端的数据传输速率为 R_{c}（单位为 bps），每组对应的一组数据帧的个数为 x，一个数据帧含有 L 个 Δm，则一组数据包的传输时延为

$$t_{\text{tran}} = \frac{xL\Delta m}{R_{\text{c}}} \qquad (9-26)$$

该组数据包的传播时延为

$$\tau = \frac{D_{\text{TR}}}{c} \qquad (9-27)$$

考虑到接收端对一组数据包采用并行译码，则一组数据包的译码时延仍为 t_{d}。定义发送端从开始发送某一组数据包到收到该组数据包的反馈信息为止，所经历的时间为一组数据包的耗时，简称一个 RTT，其值为

$$T_{\text{RTT}} = t_{\text{tran}} + 2\tau + t_{\text{d}} + t_{\text{ACK}} \qquad (9-28)$$

另一方面，卫星从进站到出站的过程中，每个时刻对应的星地距离 D_{TR}

都是不同的,因此,每个时刻的接收信噪比也不同。以某卫星为例,轨道高度为 778 km,数据传输速率为 2 871 Mbps,绘制出接收信噪比随时间的变化图,如图 9 - 15 所示。

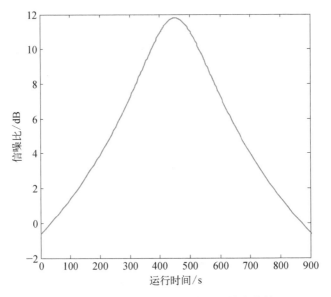

图 9 - 15　接收端信噪比随过境时间的变化情况

令 $x = 30$, $L\Delta m = 12\,800$ bit,则该卫星发送一组数据包的耗时 T_{RTT} 便可以根据式(9 - 28)计算出来。需要说明的是,接收端的 t_d 值和 t_{ACK} 值不会随 D_{TR} 的变化而改变,此处将 $t_d + t_{ACK}$ 设定为 3 ms。将上述参数代入式(9 - 28)中可得 $T_{RTT} = 8.32$ ms。对比图 9 - 15 可知,一个 RTT 时间内的接收信噪比的变化幅度小于 0.001 dB,处于非常低的水平。这就满足了加权调整算法的第一个前提。

对于第二个前提,可以利用 Raptor 码的门限效应进行说明。对某参数下的 Raptor 码而言,其译码成功概率与 Δm 个数的关系如图 9 - 16 所示。可以看出,某固定个数的 Δm 可以在多个信噪比下达到相同的 BER 性能,换言之,不同信噪比区间内的最佳 Δm 个数是不同的。这就满足了加权调整算法的第二个前提。此处,将固定 Δm 个数能够覆盖的信噪比区域称为该 Δm 个数的门限区。

2. 算法的具体步骤

本小节已提出了可以利用线性加权调整算法计算每组数据包的新 Δm

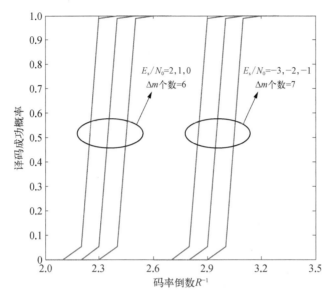

图 9 - 16 多个信噪比下的译码成功概率示意图

个数。基本思想为：如果发送端在当前新 Δm 个数下的译码成功概率趋近于 1，则尝试下调新 Δm 的个数；如果当前新 Δm 个数下的译码成功概率很低，则尝试增加新 Δm 的个数。

令每组数据包的个数固定不变，定义第 i 组数据包的新 Δm 个数为 N_{tx}^i，实际使用的 Δm 的个数的平均值为 N_{use}^i，第 i 组数据包 Δm 的加权平均值为 N_{ave}^i，且满足 $N_{tx}^i = \mathrm{round}(N_{ave}^{i-1})$，其中 round 表示四舍五入函数。线性加权调整算法的具体步骤如下。

算法 6：线性加权调整码率算法

输入：1. 参数：γ、μ、ξ、φ、d_p

  2. 测量值：N_{tx}^i、N_{use}^i

输出：新 Δm 个数 N_{tx}^{i+1}

计算过程：

第一步：

  发送端收到第 i 组数据包的反馈帧信息，统计该组数据包实际使用的 Δm 个数 N_{use}^i；

第二步：

  if $N_{use}^i > N_{tx}^i + \gamma$

   $N_{ave}^{i+1} = (1 - \mu)N_{ave}^i + \mu N_{use}^i$

  else if $N_{use}^i = N_{tx}^i$

   $N_{ave}^{i+1} = (1 - \xi)N_{ave}^i + \xi(N_{use}^i - d_\mathrm{p})$

（续表）

算法6：线性加权调整码率算法

else if $N_{tx}^i < N_{use}^i < N_{tx}^i + \gamma$

$\qquad N_{ave}^{i+1} = (1 - \varphi)N_{ave}^i + \varphi N_{use}^i$

end

第三步：

计算第 $i + 1$ 组数据包的新 Δm 个数 $N_{tx}^{i+1} = \text{round}(N_{ave}^{i+1})$。

算法6是以 N_{tx}^i 和 N_{use}^i 的大小关系作为调整新 Δm 个数的判断依据，并采用多个参数计算第 $i + 1$ 组数据包的新 Δm 个数。参数 γ 是调整 Δm 个数的阈值，其功能是：

（1）若 N_{tx}^i 和 N_{use}^i 的差值超过阈值 γ，说明第 i 组数据包需要的冗余 Δm 个数过多，应将 N_{tx}^{i+1} 的值设置的较大一些；

（2）若 N_{tx}^i 和 N_{use}^i 完全相等，说明第 i 组数据包不需要冗余 Δm，进而说明 N_{tx}^i 的值大于或等于当前信道状态下的最佳 Δm 个数，因此可以尝试降低 N_{tx}^{i+1} 的值；

（3）若 N_{use}^i 大于 N_{tx}^i 但两者差值并未超过阈值，说明第 i 组数据包需要的冗余 Δm 个数很少，N_{tx}^i 在当前信道状态下的译码成功概率仍然很高，因此可以保持 N_{tx}^{i+1} 的值不变或微调。

需要说明的是，由于采用了效率更高的选择重发 ARQ，因此发送第 $i + 1$ 组数据包时不一定能够及时收到第 i 组数据包的反馈，对于这种情况，考虑采用与第 i 组最近的已经成功译码的数据包的测量值作为计算标准。在 9.4.2（1）节的分析中可知，相邻几组数据包之间的信道状态幅度很小，因此上述计算方式是合理的。

另一方面，若第一组包的新 Δm 个数与最佳值之间的差距较大时，系统就需要借助多次尝试降低或者反馈重传，通过前期较长时间的自主学习，使新 Δm 个数回到最佳值附近，这会产生初始阶段的传输效率低下的问题。为此，本书考虑利用探测包机制，即在发送第一组数据包之前，首先在停等方式下发送一定个数的探测包，并利用这些探测包的译码结果，使新 Δm 个数快速回到最佳值附近，之后再开始传输数据包。

从算法6中可以看出，阈值 γ 直接影响着算法的自适应调整性能。参数 μ、ξ、φ、d_p 决定了 Δm 个数调整的幅度大小，下面对这些参数的设计进行说明。

3. 参数的设计

考虑如下情况。

（1）某个译码失败的数据包至多收到 $n_{\Delta m}$ 个冗余 Δm 后便可成功恢复出源数据包。在拆分重组的数据帧模式下，若 Δm 大小设置合理，出错包需要的冗余 Δm 个数是基本不变的。这是因为，Raptor 码的 BER 随着码率的增加而瀑布式下降，而且拆分数据的方式使得码率只能是几个离散值，因此 n 个冗余 Δm 足以确保两个门限区的无缝切换。需要说明的是，$n_{\Delta m}$ 的大小与 Raptor 码的码长 K/R_{LDPC}、过量编码长度 N_{max} 及数据拆分段数 M 有关，此处可将 $n_{\Delta m}$ 认为是固定值，后续章节在仿真前会进行说明。

（2）一组数据包中，每个包受到的干扰程度近似相同，具有相同的译码成功概率。本书将一组数据包的新 Δm 个数设置为相同值，且一组数据包的传输过程中信道的变化幅度很小，因此可以近似认为该组数据包的译码成功概率是相等的。

在上述两个前提下，假设一组的数据包个数为 N_p，新 Δm 个数为 N_{tx}，每个数据包译码成功的概率为 p_{suc}，则该组数据包成功译码时使用的 Δm 的平均值 N_{use} 为

$$N_{use} = p_{suc} N_{tx} + (1 - p_{suc})(N_{tx} + n_{\Delta m}) \qquad (9-29)$$

简化可得

$$N_{use} = N_{tx} + n_{\Delta m}(1 - p_{suc}) \qquad (9-30)$$

将式（9-30）与算法 6 中的判决条件之一 $N_{use}^i > N_{tx}^i + \gamma$ 进行对比，显然，可以将 $n(1 - p_{suc})$ 作为阈值 γ。这样做的物理含义是：若当前新 Δm 个数下的译码成功概率小于 p_{suc}，则将 N_{tx} 上调；若大于 p_{suc}，则尝试降低 N_{tx} 或维持不变。对于 p_{suc} 的值，通常用一个下限值来衡量，例如将 p_{suc} 的下限值设定为 0.9 时，阈值 $\gamma = 0.1 n_{\Delta m}$。

参数 μ 是在信道变差时调节下一组数据包 N_{tx} 的增加幅度。当信道状态变差时，应迅速增加 N_{tx} 的值以确保之后数据包能够成功译码，防止系统进入重发循环状态，因此 μ 的值应设置的大一些。由此，对 μ 的值设置限制条件如下：

$$1 - \mu < \mu \qquad (9-31)$$

参数 ξ 和 d_p 是在信道变好或维持不变时调节下一组数据包 N_{tx} 的减少幅度。这种情况下，N_{tx} 的值下降过快可能会使下一组数据包的重传次数增

加,因此 ξ 的值应设置的小一些。d_p 的值也不应超过最大冗余 Δm 个数 $n_{\Delta m}$。由此,对 ξ 和 d_p 的值设置限制条件如下:

$$\begin{cases} 1 - \xi > \xi \\ 1 \leqslant d_p \leqslant n_{\Delta m} \end{cases} \tag{9-32}$$

参数 φ 是在信道不稳定时调节下一组数据包的 N_{tx} 值。这种情况下表明,信道可能产生了突发变化,但并没有满足增加新 Δm 个数的条件,因此,应向上一组数据包的加权平均值趋近。由此,对 φ 的值设置限制条件如下:

$$\begin{cases} 1 - \varphi > \varphi \\ \xi < \varphi < \mu \end{cases} \tag{9-33}$$

4. 仿真结果及分析

为了验证线性加权调整算法的效果,本节对信噪比变化时的情况进行仿真分析。仿真中采用的各种参数如下。

(1) 编码调制参数:采用码率为 $R_{LDPC} = 0.95$ 的规则(3,60)LDPC 码,LT 码的码长 $K = 2\,000$,过量编码长度 $N_{max} = 14\,000$;LDPC 码的校验矩阵采用 PEG 算法生成,LT 码部分的编码算法为算法 3;译码算法均为 BP 译码算法,最高迭代次数设置为 50;调制方式为 QPSK,发送端功率能量归一化为 1。

(2) 数据帧参数:每组含有 10 个数据包,每个编码包的拆分段数为 35,即每个 Δm 的大小为 400 bit;每个数据帧含有 20 个 Δm。

(3) 线性加权调整算法参数:p_{suc} 的下限为 0.99,成功译码所需的冗余 Δm 个数至多为 $n_{\Delta m} = 2$;$\mu = 2/3$;$\xi = 1/5$;$\varphi = 1/4$;$d_p = 2$;$\gamma = 0.02$。

(4) 信道参数:为简单起见,考虑接收端信噪比的变化范围为 $[-5\,\mathrm{dB}, 10\,\mathrm{dB}]$,变化方式为由差至好和由好至差两种,变化步长为 0.1 dB。

在上述参数下,得到如下仿真结果。

1) 信道状态由差变好时的情况

图 9-17 是信道状态由差变好时码率值 R 的变化情况,可以得到如下结论。

(1) 分段最佳码率值呈阶梯式变化。这是因为不同个数的 Δm 具有不同的门限区,在此门限区内进行数据传输时数据包采用的新 Δm 个数是相同的,故而具有相同的码率值。

(2) 此外,传输过程中的实际码率值与分段最佳码率值的总体变化趋势

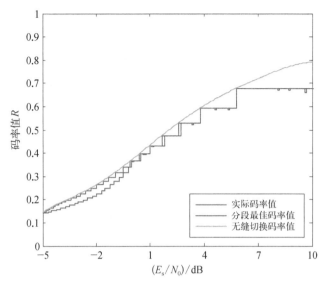

图 9 - 17　信道状态由差变好时码率值的变化趋势

相同,这验证了加权调整算法的可行性;但在 -5 dB 至 0 dB 范围内,两者之间的差距较大,这是因为参数 ξ 和 d_p 设置的较小,避免信道变好时新 Δm 的个数减少过快而造成"乒乓切换"的现象。

（3）实际码率值距信道容量还有较大差距。实际码率值的损失主要来自两方面:一方面是分段传输方式与无缝切换方式的折中造成的,使码率值损失量最多可达 0.1 左右;另一方面,Raptor 码的无缝切换码率值距离信道容量有较大的差距,进一步使码率值降低了约 0.2,这也与采用的 Raptor 码的码长较短有关。这就也为后续的设计过程指明了两个改进方向:一是可以考虑将数据拆分成更小段进行传输,弥补阶梯之间的差距;二是设计能够逼近香农极限的新无速率码或者采用码长更长的 Raptor 码。

图 9 - 18 是信道状态由差变好时 Δm 个数的变化情况,可以得到如下结论。

（1）-5 dB~0 dB 时,首次发送的 Δm 个数与实际使用的 Δm 个数完全相同,并始终位于最佳 Δm 个数的上方,这是因为数据包新 Δm 个数减小得较为缓慢,这也与图 9 - 16 初始段的码率变化情况相符。

（2）随着信噪比变大,最佳新 Δm 个数覆盖的门限区也逐渐扩大。这表明,即使某一段信噪比较大,接收端也需要较多个数的 Δm 才能成功译码。这实际上也是码长较短及拆分段数较少引起的。

（3）在高信噪比区域,存在乒乓切换的现象。根据算法 6 的判断方法,

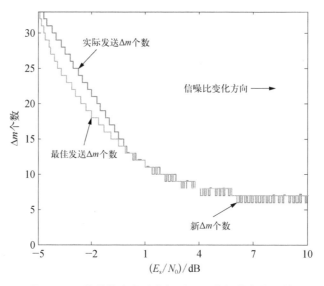

图 9‑18　信道状态由差变好时 Δm 个数的变化趋势

当长期采用固定个数的 Δm 进行数据传输时,发送端会不断地尝试降低 Δm 个数,但最佳 Δm 个数却没有变化,从而使得新 Δm 个数在最佳值和更小值之间的来回切换,这也是算法 6 的不足。

图 9‑19 是信道状态由差变好时链路余量利用率 η_L 的变化情况,可以得到如下结论。

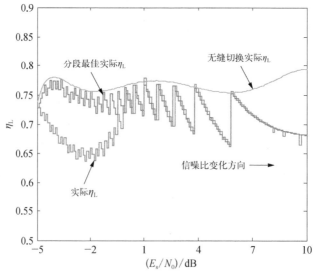

图 9‑19　信道状态由差变好时 $\pmb{\eta}_L$ 的变化趋势

（1）实际 η_L 值和最佳 η_L 值能够跟随无缝切换 η_L 值的包络而变化。在初始阶段，最佳 η_L 值与无缝切换 η_L 值的波动不大，且两者之间的差距很小；但实际 η_L 值一直偏低，与最佳 η_L 值的差距可达 10%，之后两者之间的差距逐渐减小直至达到紧密跟随的状态，且整体维持在 65% 以上。

（2）实际 η_L 值和最佳 η_L 值呈周期性变化趋势。这是任意门限区内，新 Δm 个数的个数恒定不变，故而码率值恒定不变；但门限区内的信道容量却在不断增加，根据式（3-1）可知，η_L 的值必然会越来越低。当到达另一门限区之后，又会重复上述过程，因此，实际 η_L 值和最佳 η_L 值的变化呈现出周期性的特点。这实际上也造成了高信噪比区域内门限区的极端情况，如在门限区 6~10 dB，初始时最佳 η_L 值与无缝切换 η_L 值几乎相同，但在最后两者的差距可达 12%。

2）信道状态由好变差时的情况

图 9-19~图 9-22 是信道状态由好变差时相关结果的变化情况，与信道由差变好时进行对比，可以得到以下相同点和不同点。相同点：① 总体上而言，R、Δm 个数及 η_L 均能够跟随信道状态的变化及时调整，验证了算法 6 的正确性；② 在信噪比跨度较长的门限区内均存在明显的乒乓切换现象。不同点：在 -5 dB~0 dB，信道变差时实际 R 值与最佳 R 值之间的差距小于信道变好时实际 R 值与最佳 R 值之间的差距。这表明，算法 6 在增加新

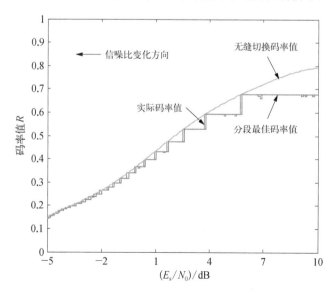

图 9-20　信道状态由差变好时码率值的变化趋势

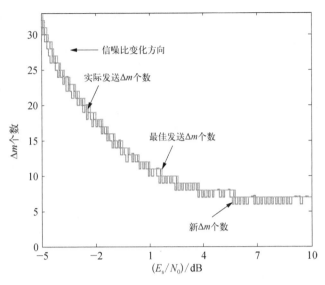

图 9 - 21　信道状态由差变好时 Δm 个数的变化趋势

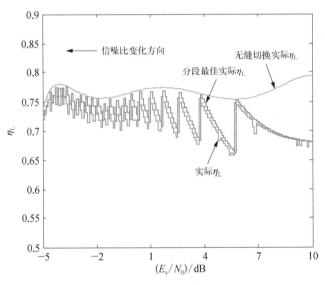

图 9 - 22　信道状态由差变好时 η_{L} 的变化趋势

Δm 个数的速度要快于减少新 Δm 个数的速度,这是算法 6 的相关参数大小不同造成的,实际上也是算法 6 牺牲部分有效性来换取可靠性的结果。

综上所述,线性加权调整码率算法能够实现时变信道下的自适应码率调整功能,并且只需要进行较少次数的线性运算,具有较低的复杂度和较高的可实用性,为无速率码在实际系统中的应用提供了有效工具。此外,仿真还利用了本章设计的自适应传输系统实现了完整的数据收发过程,验证了该系统的自适应特性和可靠性。

9.4.3　改进的线性加权调整码率算法

1. 线性加权调整算法的问题及优化

1)乒乓切换问题

当卫星信道状态处于某一门限区内时,发送端往往需要长期保持相同个数的新 Δm,降低新 Δm 个数后反而会使得译码失败。但是,根据算法 6 的相关操作,只要上一次实际使用的 Δm 个数等于新 Δm 个数时,发送端便会尝试降低本次的新 Δm 个数。因此,实际使用的 Δm 个数便会在最佳值和更小值之间切换,即乒乓切换的现象。乒乓切换会使得数据包的重传次数大大增加,增加了系统工作压力,浪费了系统资源,因此本节考虑对算法 6 进行改进,以消除乒乓切换现象。

乒乓切换现象的根本原因是发送端对信道状态判断不准确造成的,而能够直观反映信道状态好坏的是数据包译码时需要的 Δm 个数。在本书的自适应传输系统中,接收端会将收到的所有新 Δm 全部用来译码,而并不关心是否真的需要这么多的 Δm;换言之,接收端只有在译码失败时才知道实际需要的 Δm 个数要多于本次的新 Δm 个数,而无法在译码成功时判断实际需要的 Δm 个数是否少于本次的新 Δm 个数。这就得到如下启示:如果接收端能在译码成功时判断实际需要的 Δm 个数并反馈给发送端,那么发送端便可根据此反馈信息做出是否需要降低新 Δm 个数的判断。

进一步地,如何判断需要的 Δm 个数便成了关键问题。考虑到无速率码特有的桶积水效应,本节采用如下方式进行判断:对一组中的最后一个数据包进行渐进译码,记录译码成功时使用的 Δm 个数作为该组包需要的 Δm 个数,将其与新 Δm 个数进行比较并将结果作为反馈信息的一部分发送至发送端。发送端根据反馈信息,再做出是否需要降低新 Δm 个数的判断。

2)算法的优化

根据上述分析过程,对线性加权调整算法做如下优化改进。

算法 7:改进的线性加权调整码率算法

输入:1. 参数: γ、μ、ξ、φ、d_p

　　　2. 测量值: N_{tx}^i、N_{use}^i

（续表）

算法 7：改进的线性加权调整码率算法

输出：新 Δm 个数 N_{tx}^{i+1}

计算过程：

第一步：

发送端收到第 i 组数据包的反馈帧信息，统计该组数据包实际使用的 Δm 个数 N_{use}^i；

第二步：

  if $N_{use}^i > N_{tx}^i + \gamma$

   $N_{ave}^{i+1} = (1 - \mu) N_{ave}^i + \mu N_{use}^i$

  else if $N_{use}^i = N_{tx}^i$

   if 第 i 组数据包需要的 Δm 个数 $< N_{tx}^i$

    $N_{ave}^{i+1} = (1 - \xi) N_{ave}^i + \xi (N_{use}^i - d_p)$

   else if 第 i 组数据包需要的 Δm 个数 $= N_{tx}^i$

    $N_{ave}^{i+1} = N_{ave}^i$

   end

  else if $N_{tx}^i < N_{use}^i < N_{tx}^i + \gamma$

   $N_{ave}^{i+1} = (1 - \varphi) N_{ave}^i + \varphi N_{use}^i$

  end

第三步：

  计算第 $i + 1$ 组数据包的新 Δm 个数 $N_{tx}^{i+1} = \text{round}(N_{ave}^{i+1})$。

  算法 7 与算法 6 的区别主要在于多了对需要的 Δm 个数与新 Δm 个数的判断，通过这种方式为降低码率值增加了限制条件，解决了大跨度门限区内的乒乓切换问题。

  2. 仿真结果及分析

  本节以信道状态由差变好时为例，对算法 7 的性能进行仿真并与算法 6 进行对比，结果如下。

  在图 9-23 和图 9-24 中以门限区 6~10 dB 为例，对新 Δm 个数的变化情况进行对比。可以看出，两种算法下实际使用的 Δm 个数均偶有起伏，这是信道状态突变引起的译码失败造成的，与算法本身无关。但可以观察到，算法 6 的新 Δm 个数发生了多次乒乓切换，而算法 7 的新 Δm 个数则一直与最佳 Δm 个数相同，这说明算法 7 能够很好地克服乒乓切换问题，具有较强的鲁棒性。

  图 9-25 和图 9-26 给出了每组数据包的平均重传次数示意图。此处定义一组数据包的平均重传次数为：（一组包的总共重传次数）/包的个数。可以看出，算法 6 中，由于乒乓切换的问题，重传操作都相对集中在各个门限区内，且跨度越大的门限区内需要重传的数据包也越多。此外，大多数组包

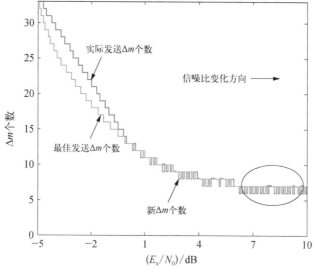

图 9 - 23 　算法 6 的 Δ*m* 个数变化趋势

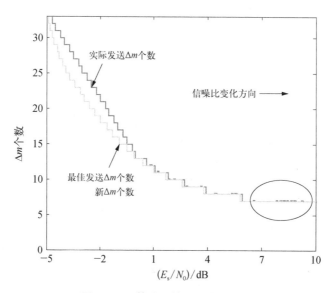

图 9 - 24 　算法 7 的 Δ*m* 变化趋势

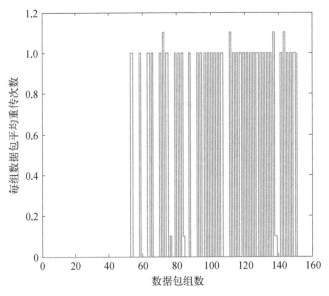

图 9-25　算法 6 的数据包平均重传次数

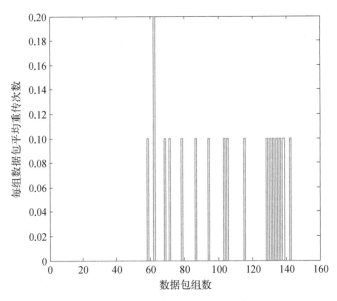

图 9-26　算法 7 的数据包平均重传次数

的平均重传次数都为 1，这说明对应组内每个包都需要重传一个冗余 Δm，这就大大增加了系统的缓存需求，增加了系统工作复杂度。对于算法 7 而言，仅有极少数的数据包需要重传，且平均重传次数远小于算法 6，这表明，算法 7 中的重传主要是由于信道突变引起的，而非算法本身的缺陷。

算法 7 中仅多了一次判断操作,复杂度依然非常低。另外,接收端也只需要对最后一个数据包进行渐进译码即可,没有增加译码复杂度;反馈帧也只需要多增添一位比特信息,没有产生过多的额外开销。综上所述,改进的线性加权调整码率算法能够有效解决乒乓切换的问题,具有更高的实用性。

9.5　本章小结

本章主要对基于无速率码的自适应传输系统中的一些关键环节进行了分析和设计。首先,基于编码数据拆分、重组的思想,设计了一种适用于无速率码的物理层帧结构,为实现码率自适应调整和桶积水效应创造了条件;其次,对自适应传输系统发送端和接收端进行了联合设计,规定了系统采用的传输协议,明确了发送端和接收端的详细工作流程,介绍了系统采用的高效编码方式及联合——渐进译码方式;之后,设计了一种由发送端实现的线性加权调整码率算法,分析了该算法中参数的设计原则,并对该算法进行了改进以解决乒乓切换的问题;最后,仿真结果显示,本章设计的自适应传输系统已经实现了完整的数据收发过程,通过调整算法使码率值始终贴合信道条件进行变化,且链路余量利用率 η_L 基本保持在 0.7 左右,具有较强的鲁棒性,从而验证了本章所有设计内容的正确性以及该系统的可靠性。

第 10 章　基于无速率码的卫星数据自适应传输系统的仿真与分析

10.1　系统模型和参数

10.1.1　卫星参数的设计

设某卫星参数如表 10-1 所示[45]，其参数如表 10-1 所示[45]。

表 10-1　卫星的相关参数

参 数 名 称	参数值	参 数 名 称	参数值
卫星轨道高度/km	795	接收天线直径/m	4
载波发射频率/MHz	8 200	天线效率/%	60
调制方式	QPSK	天线等效噪声温度/K	55
系统带宽/MHz	250	馈线损耗/dB	1
卫星 EIRP/dBW	15	接收机等效噪声温度/K	55
系统备余量/dB	5	环境温度/K	296
其他损耗(极化损耗、指向损耗、大气损耗等)/dB	5	滚降系数	0.25

根据上述参数，结合第二章中的链路计算方式，可以求得如下结果。

以低噪声放大器输入端口为参考点进行计算，可得天线增益为 47.50 dB，接收系统的等效噪声温度为 22.03 dB，则接收系统的 $G/T = 25.47\text{dB}$。

根据符号速率和带宽的关系：

$$R_s = B(1 + \alpha) \tag{10-1}$$

其中，α 为滚降系数，可求得符号速率为 $R_s = 200 \text{ M/s}$。

根据卫星轨道高度，可求得卫星从进站至出站的时间约为 915.75 s，中心角的变化范围为 0°~27.23°，接收端信噪比变化范围为 -4.98~7.33 dB。

10.1.2　无速率码及自适应调整码率算法参数的设计

在上述章节的仿真中可以得知,采用的码长越长,无速率码的 BER 性能越好,因此,本章拟采用长码进行数据传输。设置 Raptor 码的源数据包长度为 7 125 字节,采用码率为 0.95 的规则(3, 60)LDPC 码,则 LT 码部分的长度为 7 500 字节,采用的度分布为 $\Omega_4(x)$,发送端能量归一化为 1,译码方式均为 BP 算法,最高迭代次数为 100 次。根据仿真证明,采用算法 3 编码且调制方式为 QPSK 时,编码长度为 52 500 字节的 Raptor 在 −5 dB 符号信噪比下能够成功译码,故将过量编码倍数设置为 7。

为了获得更好的码率调整性能,考虑将过量编码包拆分为 250 段,则每个 Δm 含有 210 个字节,这样设置的好处是:能够确保 Raptor 码有足够多的码率值可以选择,在最大程度上避免了编码数据浪费的问题。设置物理层数据帧中的编码数据长度为 1 680 字节,因此每个数据帧可以携带 8 个 Δm 进行传输。

根据采用的 Raptor 码的译码性能,当译码成功概率大于或等于 0.99 时,接收端至多需要两个冗余 Δm 即可成功译码。因此,在改进的线性加权调整码率算法中,令 p_{suc} 的下限为 0.99;$n_{\Delta m} = 2$;$\mu = 2/3$;$\xi = 1/5$;$\varphi = 1/4$;$d_p = 2$;$\gamma = 0.02$。

10.2　仿真结果及分析

10.2.1　Raptor 码的译码性能分析

Raptor 码的译码性能直接决定了系统的传输性能,因此本节首先对采用不同编码算法 Raptor 码在卫星信道下的译码性能进行分析。

图 10−1 给出了采用传统算法和算法 3 的 Raptor 码在卫星过境时的有效比特数变化情况。为了便于观察,图中的横坐标用卫星与地面站之间的仰角表示。卫星在高仰角区时的信噪比变化较快,故有效比特数的整体变化趋势呈现为尖角状。可以看出,算法 3 的有效比特数始终高于传统算法,再次验证了算法 3 的优点。另外,尽管编码数据已经拆分得足够多了,但有效比特数仍然距信道容量有一定的距离,且在高仰角区(即高信噪比区)更为明显,其中的损失主要来自两部分:一是 Raptor 码自身结构的特点限制了

码率值的增加;二是拆分数据分段传输的方式也使得实际值与理论值之间存在差距。不过从总体上而言,在动态变化的信噪比区间内,Raptor 码的有效比特数均能较为平缓地增加或减小,而非像 CMC 技术那样固定不变,抑或是 AMC 技术那样呈现大阶梯式变化,这确保了采用无速率码传输系统可以在任意时间段内都能获得较为理想的传输效率。

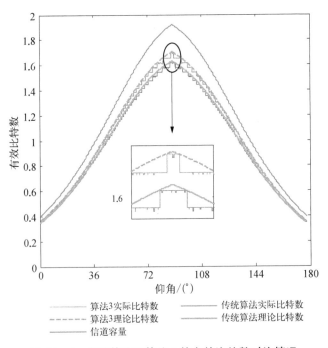

图 10-1   传统算法和算法 3 的有效比特数对比情况

图 10-1 是算法 3 和传统算法的链路余量利用率 η_L 的对比示意图。算法 3 的 η_L 值始终保持在 0.86 以上,而传统算法的最高 η_L 也仅为 0.87 左右。此外,尽管两种算法的理论 η_L 值在高仰角区均有所下降,但算法 3 的下降趋势却缓于传统算法,这表明算法 3 在高信噪比时更具有优势。

10.2.2   系统传输性能分析

图 10-3 中是卫星过境时码率的自适应调整情况。

(1)实际码率值能够紧密跟随最佳值进行变化。但在细节放大图中可以看出,实际码率值的调整存在滞后性。这是因为在选择重发 ARQ 中发送端收到的上一组成功译码数据包的反馈信息时可能已经按照之前的新 Δm

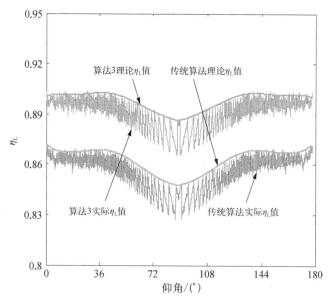

图 10-2　传统算法和算法 3 的 η_L 值对比情况

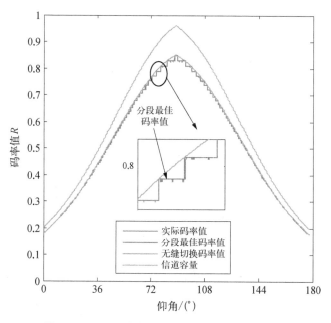

图 10-3　卫星过境时码率值的自适应调整情况

个数连续发送了多组数据包,故而在本次调整之前码率值依然会保持较低的水平,不过发送端在捕捉到信道变化之后会根据算法 7 立即将码率值上调至最佳值,从最大程度上减少了码率值的损耗,这也反映了算法 7 的有效性。

(2)实际码率值在低仰角区基本实现了无缝切换,但在高仰角区仍有一定间隙。实际上,在仰角小于 60° 的区间内卫星的过境时间相对较长,但 Raptor 码依然能够以较小的码率值进行数据传输,充分利用了该区间的链路余量,这一点是 AMC 技术难以做到的。在仰角大于 72° 时卫星运行较快,因此小阶梯之间损失了一定的码率值,但发送端仍然能够及时做出调整并在有限过境时间内传输数据,体现了系统的信道自适应特点。

图 10-3 中是卫星过境时 Δm 个数的变化情况。

(1)新 Δm 个数几乎实现了无缝变化。从极限角度分析,当 Δm 长度低至 1 比特时,就可以实现真正意义上的无缝变化。鉴于此,本章在设计系统参数时,将编码数据拆分成很多段,因此可选码率值非常多,足以适应卫星信道的变化趋势。

(2)不存在乒乓切换现象。在细节放大图中,新 Δm 没有在最佳值上下来回切换,这表明算法 7 不受分段个数以及码长的影响,在任何波动下均能及时调整至最佳码率值并稳定下来,证明了算法具有较好的鲁棒性。

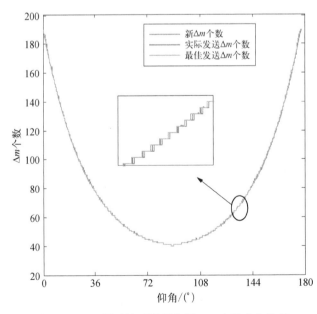

图 10-4　卫星过境时数据包的 Δm 个数变化趋势

图 10−5 中是卫星过境时 η_L 的变化情况,可以看出, η_L 的值总体稳定在 0.86 以上,且在低仰角区能够达到 0.9 以上,实现了对链路余量的充分利用。

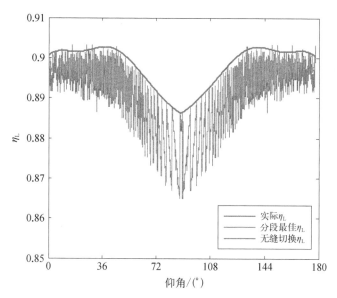

图 10−5　卫星过境时 η_L 值的变化趋势

10.2.3　与 AMC 技术的对比分析

7.3 节对比了理想情况下无速率码传输技术与 AMC 技术的码率值和传输数据量,验证了无速率码传输技术的优势。但在实际传输系统中,无速率码的传输性能会受到一定的限制,因此本节再次对比了非理想情况下两者的性能。

本节首先根据链路计算结果及 DVB−S2 标准,将 AMC 技术的切换方案设置如下。

表 10−2　AMC 技术的切换方案

信噪比范围/dB	调制方式	码率	信噪比范围/dB	调制方式	码率
−4.98～−2.35	—	—	2.23～4.03	QPSK	3/5
−2.35～−0.3	QPSK	1/4	4.03～6.20	QPSK	3/4
−0.3～2.23	QPSK	2/5	6.20～7.33	QPSK	8/9

根据表 10−2 所示的数据,绘制出卫星过境时有效数据率的变化情况,如图 10−6 所示,可以看出,无速率码技术的小阶梯式变化能够进一步利用

AMC 技术大阶梯之间的链路余量。尽管在高仰角区 AMC 技术的有效数据率高于无速率码技术,但这是 Raptor 码自身性能不佳的缘故,而非自适应传输系统或调整算法的问题。换言之,如果能够设计更加逼近信道容量的新型无速率码,那么必然可以进一步利用高仰角区大阶梯之间的余量,实现对 AMC 技术的整体超越。

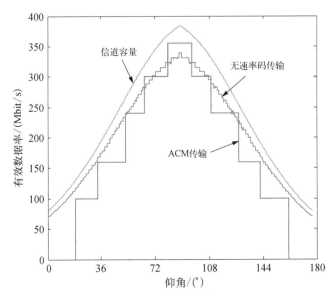

图 10-6 无速率码与 AMC 技术的有效数据率对比情况

图 10-7 中给出了累积传输数据量的变化,考虑到卫星过境时的运行轨迹是对称的,此处只对卫星从进站至过境的过程进行分析。在仰角低于 18° 时,AMC 技术的最小可选码率值也无法成功传输数据,因此该阶段内的累积传输数据量为 0,而无速率码的码率没有最低限制,故而在一开始便能成功传输数据。在 18°~80° 仰角区间内,两者之间一直保持稳定的差距,这一点从图 10-6 中也可以看出,无速率码的有效数据率一直高于 AMC 技术,且差值较为恒定。仰角大于 80° 时,AMC 技术距信道容量更近,有效数据率略大于无速率码,因此数据量的增加趋势略快于无速率码。在卫星过境时,AMC 技术距信道容量更近,有效数据率略大于无速率码,因此数据量的增加趋势略快于无速率码。在卫星过境时,AMC 技术的传输数据量约为 7.07 Gbit;而无速率码技术为 8.84 Gbit,要高于 AMC 技术约 24.91%,再次印证了无速率码传输系统的优势。

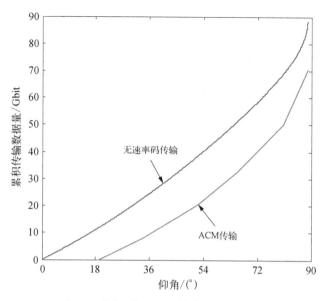

图 10 - 7　无速率码与 AMC 技术的累积传输数据量

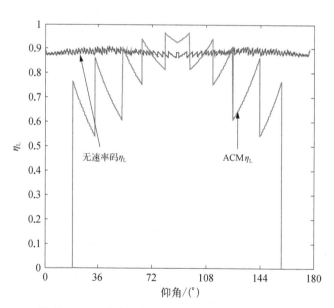

图 10 - 8　无速率码与 AMC 技术的 η_L 值对比情况

图 10 - 8 是两种方式 η_L 值的变化情况,有如下结论。

（1）η_L 值呈现锯齿状的变化趋势,且具有周期性。η_L 一直在不断地抖动,但这并不是因为码率值一直处在变化之中,而是因为某一门限区内码率值是恒定的,而信道容量继续增加,所以尽管该区间内码率值没有变化,而 η_L 的值却在不断地下降;当进入另一个门限区后,η_L 又会跃升到某个较高的值,之后又继续下降,周而复始,所以形成了锯齿状变化的趋势。

(2) AMC 技术对链路余量的利用程度低于无速率码技术。AMC 呈现出大锯齿状的变化趋势,尽管最高 η_L 值可达 0.95,但其在初始阶段的 η_L 值一直为 0,影响了 AMC 技术的整体性能。相比之下,无速率码传输技术的 η_L 值则呈现小锯齿状变化趋势,且其得益于自适应链路适配特点,η_L 值能够一直稳定在 0.9 左右。总体而言,无速率码技术对链路余量的利用程度远高于 AMC 技术,这也印证了第二章中给出的理想情况下两种传输技术预期能达到的传输效果。

10.3 本章小结

本章以第 7~9 章的设计内容为基础,搭建了闭环的星地数据自适应传输系统模型,设计了卫星、无速率码、自适应调整码率算法的一些关键参数,仿真分析了自适应传输系统的相关性能,并得到如下结论。

(1) 与传统算法相比,算法 3 具有更优良的 BER 性能,能够进一步逼近香农极限。在卫星运行过程中,算法 3 的有效比特数始终高于传统算法;在卫星过境时两者差值可达 0.1 bit。另外,算法 3 的值也一直高于传统算法,两者的最大差值可达 6%,且算法 3 在信噪比较高时更具优势。

(2) 无速率码传输系统具有良好的信道自适应特性和高效的传输性能。一方面,卫星过境时,发送端能够及时地捕捉信道状态的变化并立即将码率值调整至最佳值,在仰角低于 72° 时基本实现了码率值的无缝变化;仰角大于 72° 时,能够以不超过 0.02 的码率损失完成码率值的快速切换,体现了系统的信道自适应特点;另一方面,无速率码能够借自适应链路适配特点,在极低仰角时成功进行数据传输,且 η_L 值可达 0.9 以上,实现了对链路余量的充分利用。

(3) 与 AMC 技术相比,无速率码传输系统的总体性能更优。一方面,无速率码在仰角低于 18° 时仍可进行数据传输,且在卫星从进站至过境的时间内,无速率码系统的累积传输数据量可达 8.84 Gbit,超出 AMC 技术约

24.91%。另一方面,AMC 技术的 η_{L} 值从 0 开始变化,且呈现大锯齿状的变化形式,而无速率码系统的 η_{L} 值能够一直稳定在 0.9 左右,且没有大幅度的波动,具有较强的鲁棒性,因此无速率码传输系统对链路余量的利用程度要远高于 AMC 技术。

参 考 文 献

[1] 齐伟孔,刘乃金.空间信息高速传输系统发展趋势分析[C].北京:第九届卫星通信学术年会论文集,2013:55 61.

[2] Toptsidis N, Arapoglou P D, Bertinelli M. Link adaptation for Ka band low earth orbit earth observation systems:A realistic performance assessment[J]. International Journal of Satellite Communications and Networking, 2012, 30(3):131–146.

[3] 王中果,汪大宝.低轨遥感卫星 Ka 频段星地数据传输效能研究[J].航天器工程,2013,22(1):72–77.

[4] 朱少杰.某卫星 Ka 频段高速数据传输系统仿真与设计[D].上海:上海交通大学,2014.

[5] 李飞鹏.卫星遥感影像压缩[D].武汉:武汉大学,2003.

[6] 陈怀玉,王浩全.高分辨卫星遥感图像压缩 SPIHT 算法优化[J].机械管理开发,2011(2):29–30.

[7] 李飞鹏,杨志高,秦前清,等.高分辨率遥感影像的实时压缩算法[J].武汉大学学报信息科学版,2004,29(3):259–263.

[8] 徐欣锋,黄廉卿,徐行岩,等.一种高分辨力遥感图像星上压缩方案[C].北京:全国信息获取与处理学术会议,2004:647–648.

[9] 朱红,郑小松,黄普明.遥感卫星高速数传信息流设计[J].中国空间科学技术,2013,4:55–61.

[10] 朱红,李立,黄普明.星载海量遥感数据的低缓存高速传输[J].电子学报,2013,41(10):2016–2020.

[11] 谭金林.遥感卫星小型接收站数据处理研究与实现[D].西安:西安电子科技大学,2014.

[12] 王万玉,张宝全,刘爱平,等.频率复用高码速率遥感卫星数据接收系统设计[J].电讯技术,2012,52(4):423–428.

[13] 朱丽亚,梁玉梅,余军,等.基于 RCS 的遥感数据传输中 ACM 的分析与仿真[J].计算机工程与应用,2013,49(22):77–81.

[14] Shu L, Costello D, Miller M. Automatic-repeat-request error-control schemes[J]. IEEE Gommunications Magazine, 1984, 22(12):5–17.

[15] 庞磊.无线通信中卷积码和 RS 码应用的研究[D].绵阳:西南科技大学,2012.

[16] 李琪,殷柳国,陆建华.基于 LDPC–BCH 网格的低码率编译码方法[J].清华大学

学报(自然科学版),2013,53(11):1515-1520.

[17] Lott C, Milenkovic O, Soljanin E. Automatic-repeat-request error-control schemes[J]. IEEE Communications Magazine. 1984, 22(12):5-17.

[18] 肖博,习勇,韩君妹,等.基于HARQ协议的多跳中继网络能量效率的跨层优化设计[J].电子与信息学报,2017,39(1):9-15.

[19] 李莎莎,方旭明,罗万团.一种提升高速铁路无线通信网络HARQ性能的方法[J].铁道学报,2014,36(10):53-58.

[20] 夏冰,李琳琳,郑燕山.流星余迹通信中混合自动请求重传机制的网络时延性能分析[J].计算机应用,2016,36(11):3039-3043.

[21] 万千,邵珍珍,王文革.海事卫星通信系统载波功率控制技术研究[J].武汉理工大学学报,2014,36(3):140-144.

[22] 肖楠,梁俊,刘玉磊,等.一种支持时延约束的卫星认知网络功率控制算法[J].工程科学学报,2015,37(8):1098-1104.

[23] 钟旭东,何元智,魏晓辉,等.分布式卫星系统的上/下行功率联合控制[J].电讯技术,2016,56(6):646-652.

[24] 杜鹏飞,孙杰,漆亚江.认知星地一体化网络中能效最大化的鲁棒功率控制算法[J].电讯技术,2019,59(4):383-388.

[25] 周林,黄伟成,贺玉成,等.多元速率兼容LDPC码的自适应编码调制系统研究[J].信号处理,2015,31(7):815-822.

[26] 孙君,袁东风.自适应编码调制系统中影响估计性能的信道参数及其对系统性能的影响[J].电子学报,2008,36(1):28-31.

[27] Ijaz A, Awoseyila A B, Evans B G. Signal-to-noise ratio estimation algorithm for adaptive coding and modulation in advanced digital video broadcasting-radar cross section satellite systems[J]. IET Communications, 2012, 6(11):1587-1593.

[28] Huang J, Su Y, Liu W, et al. Adaptive modulation and coding techniques for global navigation satellite system inter-satellite communication based on the channel condition [J]. IET Communications, 2016, 10(16):2091-2095.

[29] 于笑,雷为民,谢冰,等.一种基于QoS的星座通信系统跨层资源分配算法[J].东北大学学报(自然科学版),2018,39(3):320-324.

[30] 王朋云,廖育荣,倪淑燕,等.基于链路自适应的遥感数据传输技术研究[J].现代电子技术,2018,40(17):23-26.

[31] 任智,李晴阳,陈前斌,等.无线网络衰落和损耗的建模与仿真研究[J].系统工程与电子技术,2009,12(31):2813-2819.

[32] 狄青叶,管仲成.星地链路雨衰研究[J].空间电子技术,2007,4(3):21-25.

[33] 张旭.基于VCM的对地探测卫星数据传输体制分析[J].电讯技术,2014,54(1):12-16.

[34] MacKay D J C. Fountain codes[J]. IEE Proceedings on Communications, 2005, 152(6):1062-1068.

[35] Byers J W, Luby M, Mitzenmacher M, et al. A digital fountain approach to reliable

distribution of bulk data [J]. ACM SIGCOMM Computer Communication Review, 1998, 28(4): 56 – 67.

[36] Luby M. LT codes [C]. Vancouver, BC, Canada: Proceedings of the 43rd Annual IEEE Symposium of Foundations of Computer Science, 2002: 271 – 280.

[37] Shokrollahi A. Raptor codes [J]. IEEE Transactions an Information Theory, 2006, 52(6): 2551 – 2567.

[38] Hu X Y, Eleftheriou E, Arnold D M. Regular and irregular progressive edge-growth tanner graphs [J]. IEEE Transactions on Information Theory, 2005, 51(1): 386 – 398.

[39] Niclas W, Andrea H L, Ralf K. Codes and iterative decoding on general graphs [J]. European Transactions on telecommunications, 1995, 6(5): 513 – 525.

[40] Hu X Y, Evangelos E, Arnold D M, et al. Efficient implementations of the sum-product algorithm for decoding ldpc codes [C]. San Antonio: IEEE Global Telecommunications Conference, 2001: 1036 – 1036E.

[41] Zhang W Z, Hranilovic S, Shi C. Soft-switching hybrid FSO/RF links using short-length raptor codes: Design and implementation [J]. IEEE Journal on Selected Areas in Communications, 2010, 27(9): 1698 – 1708.

[42] Brink S T. Convergence behavior of iteratively decoded parallel concatenated codes [J]. IEEE Transactions on Communications, 2011, 49(10): 1727 – 1737.

[43] Sharon E, Ashikhmin A, Litsyn S. Exit functions for binary input memoryless symmetric channels [J]. IEEE Transactions on Communications, 2006, 54(7): 1207 – 1214.

[44] 张婧.基于学习的自适应无速率码传输机制及 VOFDM 调制系统 [D].杭州：浙江大学,2016.

[45] 冯钟葵,葛小青,张洪群,等.遥感数据接收与处理技术 [M].北京：北京航空航天大学出版社.